D1930468

ISBN: 978-3-930007-28-8 (Band 1)
ISBN: 978-3-930007-29-5 (Band 2)
ISBN: 978-3-930007-30-1 (Band 1+2)

Elisabeth Leicht-Eckardt
Dorothee Straka

UMSCHAU ZEITSCHRIFTENVERLAG GmbH
Otto-Volger-Straße 15
65843 Sulzbach im Taunus
www.uzv.de

Ernährungsbildung und Schulverpflegung

2

RUT- UND KLAUS-BAHLSEN-STIFTUNG

Anschrift der Autorinnen:

Prof. Dr. oec. troph. Elisabeth Leicht-Eckardt
Haushaltswissenschaften/Haushalts- und Wohnökologie
Beauftragte für das WABE-Zentrum

Prof. Dr. oec. troph. Dorothee Straka
Ernährungskommunikation

Hochschule Osnabrück
Fakultät Agrarwissenschaften und Landschaftsarchitektur
Ökotrophologie
Am Krümpel 31
49090 Osnabrück

An der Erstellung dieses Werkes haben mitgewirkt:

Dr. Nadine Berling
Rebecca Ginser
Sibylle Mühlbrodt

Das Team des WABE-Zentrums
Sonja Bolte
Meike Broermann
Regina Cordes (Betriebsleitung)

Das Team des Projekts DieBesserEsser, Norden
Maike Götz
Kerstin Hoop (Projektleitung)
Lars Püllenberg

RUT- UND KLAUS-BAHLSEN-STIFTUNG

Die Drucklegung dieses zweibändigen Werkes „Ernährungsbildung und Schulverpflegung" wird durch einen Druckkostenzuschuss der Rut- und Klaus-Bahlsen-Stiftung, Hannover, ermöglicht.

Wichtiger Hinweis:
Die ernährungswissenschaftliche und die medizinische Wissenschaft sind einem ständigen Wandel unterworfen. Die in diesem Buch gemachten Angaben entsprechen nach sorgfältiger Prüfung durch die Verfasserinnen dem derzeitigen Wissensstand. Verlag und Autorinnen haften nicht für Fehler, die trotz sorgfältiger Bearbeitung möglich sind. Für Hinweise auf eventuelle Fehler sind Verlag und Autorinnen dankbar.
® ™ Geschützte Warennamen wurden nicht besonders kenntlich gemacht. Aus dem Fehlen eines solchen Hinweises kann nicht geschlossen werden, dass es sich um einen freien Warennamen handelt.

Otto-Volger-Straße 15, 65843 Sulzbach im Taunus www.uzv.de

Ein Titeldatensatz für diese Publikation ist bei der Deutschen Bibliothek erhältlich: http://dnb.ddb.de

Umschlaggestaltung, Lektorat, Projektmanagement + Producing:
mpm Fachmedien und Verlagsdienstleistungen, Pohlheim
Datenkonvertierung, Grafik + Satz: mpm Fachmedien und Verlagsdienstleistungen, Pohlheim
Layoutentwurf der Rezeptseiten: Sibylle Mühlbrodt
Umschlagfotos und Kapiteleingangsseiten Bilderbox.com, Fotolia.com sowie Fotos der vorgestellten Projekte
Bildnachweis des Rezeptteiles s. S. 4
Druck und buchbinderische Verarbeitung: Westermann Druck Zwickau GmbH
Printed in Germany, 2011 Gedruckt auf FSC-zertifiziertem Papier

FSC www.fsc.org MIX Papier aus verantwortungsvollen Quellen FSC® C022125

Band 2: ISBN–13: 978-3-930007-29-5

Inhalt

Bildnachweis: Soweit nicht anders angegeben, stammen alle Rezept- und Zubereitungsfotos aus den vorgestellten Projekten (S. 55, 99, 115, 116, 119: Lars Püllenberg; S. 75, 77, 79, 85: Sibylle Mühlbrodt; S. 111, 112, 139, 144: Frank Wilde).
S. 9: st-fotograf - Fotolia, S. 47: Norbert Suessenguth - Fotolia, S. 60: Birgit Reitz-Hofmann - Fotolia, S. 69: Fotolia, S. 72: Blende 40 - Fotolia, S. 74: Heike Rau - Fotolia, S. 78: silencefoto - Fotolia, S. 80: kameel - Fotolia, S. 86: Igor Negovelo - Fotolia, S. 89: Edward Westmacott - Fotolia, S. 105: boedefeld2 - Fotolia, S. 118: Barbara Dudziska - Fotolia, S. 128: Gabi Günther - Fotolia, 132: HLPhoto - Fotolia, S. 135: Paul Vinten - Fotolia

Einleitung

Der vorliegende zweite Band des Werkes „Ernährungsbildung und Schulverpflegung" ergänzt die in Band 1 vermittelten theoretischen Grundlagen der Kapitel „Ernährungsbildung", „Schulverpflegung" und „Nachhaltigkeit" durch die praxisbezogene Erläuterung einzelner Projektbeispiele und eine Sammlung der in den Projekten entstandenen Rezepte.
Das Ziel dieses zweiten Bandes ist es, Lehrkräften in Schulen praktische Anleitungen zur Praxis der Nahrungszubereitung im Klassenzimmer sowie in Lehr- oder Schulküchen zu geben. Die in den zahlreichen Projekten erworbenen Erfahrungen werden so weitergegeben und dienen als Informations- und Handlungsbasis für die unterschiedlichen Möglichkeiten der Nahrungszubereitung im Rahmen von Ernährungsbildung und Schulverpflegung.
Hierfür werden – nach kurz zusammengefassten Grundlagen zur Nahrungszubereitung in der Schule – die Projektbeispiele einzeln mit ihren Zielsetzungen, pädagogischen Hintergründen, didaktischen und methodischen Überlegungen erläutert. Den Hauptteil dieses Bandes bildet anschließend die Rezeptsammlung. Sie besteht hauptsächlich aus in den Projekten selbst entwickelten oder nach Vorlagen aus Fachveröffentlichungen (aid, DGE etc.) modifizierten Rezepten und wird ergänzt durch einige Rezepte aus dem Buch „Das schmeckt!" von F. Soretz, welche für Kitas und Grundschulen in Hannover entwickelt und getestet wurden. Das dortige Projekt wird – wie das vorliegende Werk – gefördert von der Rut- und Klaus-Bahlsen-Stiftung, Hannover (www.rut-und-klaus-bahlsen-stiftung.de).
Die Rezepte sind – wie in Kochbüchern üblich – in Kategorien entsprechend einer möglichen Speisenreihenfolge eingeteilt und gekennzeichnet für den idealen schulischen Anwendungsbereich im Klassenraum, in einer Lehrküche oder für die Schulverpflegung.

1.1 Wissenswertes zur Nahrungszubereitung in der Schule

1.1.1 Rahmenbedingungen für Ernährungsbildung und Schulverpflegung

In Schulen kann das Thema Ernährung unterschiedlich behandelt werden:
- **theoretisch** im Unterricht, z. B. Sachunterricht, Biologie, Hauswirtschaft,
- **theoretisch und praktisch** im Unterricht, z. B. Herstellung von Kaltgetränken und -speisen (z. B. im Rahmen von „Klassenfrühstück" oder Projekten),
- **theoretisch und praktisch** in einer Lehrküche, z. B. im Hauswirtschaftsunterricht, in Arbeitsgemeinschaften,
- **im Zusammenhang mit Schulverpflegung,** z. B. in einer Schülermensa, mit einer Schülerfirma.

Die theoretische und praktische Behandlung des Themas „Ernährung an Schulen" hängt u. a. von folgenden Rahmenbedingungen ab:
- Schultyp und schulisches Leitbild,
- Anzahl der Schüler,
- Lehrkräfte, gegebenenfalls externe Referenten (▸ Band 1, Kapitel 1).

Für die Schulverpflegung kommen folgende Kriterien hinzu:
- Standort (Bundesland, Infrastruktur),
- Schulträger,
- vorhandene Räumlichkeiten an der Schule und deren Ausstattung,
- Organisationsstruktur der Schule (Unterrichts- und Pausenzeiten, Einbindung von Eltern und Schülern),
- Verpflegungs- und Betriebssystem für Zwischen- und Mittagsverpflegung (▸ Band 1, Kapitel 2).

Der Wissensstand an Schulen bezogen auf Rahmenbedingungen und Voraussetzungen für Ernährungsbildung und Schulverpflegung ist sehr unterschiedlich. Deshalb werden nachfolgend die relevanten Fakten zu praktischen Einheiten im Klassenzimmer, im hauswirtschaftlichen Fachraum „Lehrküche" und einer Mensa näher erläutert.

1.1.2 Speisenzubereitung an außerschulischen Standorten

Für Lehrkräfte, in deren Schulen keine Möglichkeiten zur Nahrungszubereitung vorhanden sind, kann die Einbeziehung außerschulischer Lernorte, z. B. Familienbildungsstätten, Volkshochschulen, Mehrgenerationenhäuser etc. eine praktikable Option sein. Die Schüler können dann dort im Rahmen von Projekten oder Unterrichtsgängen in einer angemessenen Umgebung eventuell selbst warme Speisen herstellen. Innerschulische Absprachen für Stundenplanwechsel sind

Lehrkräften eher vertraut. Sie stehen meist im Zusammenhang mit theoretischem Unterricht.
Externe Absprachen und Unterrichtseinheiten bedürfen meist umfangreicher Vorbereitungen:

- der Recherche über Ziel und Zeit der schulexternen Veranstaltungsstätte,
- der Genehmigung der Schulleitung,
- der Organisation des Hin- und Rückwegs (gegebenenfalls mit Schulbus),
- der schriftlichen Ankündigung (aus versicherungsrechtlichen Gründen),
- der Information der Eltern,
- gegebenenfalls des Einsammelns von Geld (Fahrt, externe Betreuung, Speisen, Getränke),
- der unterrichtlichen Vor- und Nachbereitung.

Die Anwesenheit einer Lehrkraft bei der Durchführung einer externen Lehreinheit ist erforderlich und gewährleistet, dass das Gelernte und Erlebte von den Schülern unterrichtlich aufgearbeitet werden kann.
Externe Lehreinheiten müssen organisatorisch (Kostenabrechnung, Klassenbucheintrag, eventuell Bericht für die Schule/Presse) und inhaltlich nachgearbeitet werden (Evaluation, eventuell spätere Rückfragen nach Umsetzung von Rezepten). Auch wenn praktische Einheiten der Nahrungszubereitung in der Schule (Klassenraum, Lehrerzimmer) durchgeführt werden, entsteht für Lehrkräfte zusätzlicher Aufwand für Vor- und Nachbereitung. Routine stellt sich aufgrund der Seltenheit von Durchführungen dieser Art kaum ein. Dennoch sind solch praktische Erlebnisse für die Schüler häufig sehr einprägsam und damit sinnvoll. Innerschulische Regelungen, wie z. B. Stundenplanwechsel, machen Kooperationen mit externen Lernorten schwierig, aber nicht unmöglich. Eine frühzeitige und langfristige Planung der praktischen Unterrichtseinheiten zur Nahrungszubereitung kann die Integration in den innerschulischen Ablauf erleichtern.

1.1.3 Hygieneregeln bei der Speisenzubereitung mit Schülern

Grundsätzlich gelten Küchenhygieneregeln auch im Rahmen praktischer Unterrichtseinheiten im Klassenzimmer, von hauswirtschaftlichem Unterricht und beim Helfen von Kindern in der Mensa (Tischdienst) usw. Dazu sollten Lehrkräfte sowie die Schüler über notwendige Hygiene- und Sicherheitsmaßnahmen belehrt werden.
Werden die Speisen an Dritte ausgegeben, muss eine Erstbelehrungsbescheinigung nach Infektionsschutzgesetz von Amts wegen (meist vom Gesundheitsamt angeboten) vorliegen und diese erstbelehrte Person ist dann dafür verantwortlich, dass die Nahrungsvor- und -zubereitung und die Ausgabe den Hygienevorschriften entsprechen.
Anforderungen der gesetzlichen Erstbelehrung zu Hygienemaßnahmen sind nicht verpflichtend, wenn die Klasse nur für sich selbst Gerichte zubereitet und selbst verzehrt. Dennoch sollten folgende Küchenhygieneregeln bekannt sein und grundsätzlich immer beachtet werden:

- Hände vor Arbeitsbeginn gründlich mit Seife waschen, Hände abtrocknen,
- saubere Kleidung tragen, evtl. Schürzen oder Kleidung ausschließlich für die Arbeit in der Küche,
- lange Haare zusammenbinden,
- Fingerringe, Handschmuck und Uhr ablegen,
- saubere Spüllappen, Geschirrtücher und Handtücher verwenden,

- was auf den Boden fällt, nicht mehr für das Kochen benutzen (Lebensmittel in den Müll, Geschirrtücher in die Wäsche), wenn es nicht direkt und sofort gereinigt werden kann und wird (z. B. Abwaschen),
- nicht auf Lebensmittel husten oder niesen,
- nach jedem Naseputzen Hände waschen,
- nach jedem Toilettengang Hände waschen,
- Wunden an den Händen sachgerecht versorgen und abdecken, ggf. Handschuhe tragen,
- Arbeitsplatz nach jedem abgeschlossenen Arbeitsgang reinigen,
- wenn sich ein Kind/die Lehrkraft unwohl fühlt (z. B. Durchfall, Übelkeit) darf es/sie sich nicht an der praktischen Durchführung beteiligen.

1.1.4 Nahrungszubereitung im Klassenzimmer

Praktische Unterrichtseinheiten als Ergänzung zu theoretischen Ausführungen sind in der Regel nur einmal pro Schuljahr im Lehrplan oder als zusätzliche Schulprojekte vorgesehen. Deshalb bieten sich den Schülern nur wenige Gelegenheiten, nach ausgewählten Rezepten Speisen und Getränke selbst herzustellen. Die Durchführung einer Unterrichtseinheit zur praktischen Nahrungszubereitung erfordert umfangreiche Vorbereitungen, die häufig von der verantwortlichen Lehrkraft in Eigenregie organisiert und umgesetzt werden müssen. Nachfolgende Überlegungen müssen dabei auf jeden Fall vor der Durchführung angestellt werden:

- Ist ein Erste-Hilfe-Kasten (vor allem Pflaster für evtl. Schnittverletzungen) schnell erreichbar? In jeder Schule muss ein nach aktuellen Rechtsvorschriften bestückter Erste-Hilfe-Kasten vorhanden sein.
- Wo befinden sich die nächstgelegenen Handwaschbecken?
  Die Schüler müssen vor und nach der Arbeit mit Lebensmitteln die Hände waschen und trocknen können, sonst muss improvisiert werden (Waschbecken in den Toilettenräumen oder Eimer oder Schüsseln im Klassenraum).
- Sind Seife und Handtücher vorhanden? Beide sind aus hygienischer Sicht zum Händewaschen unverzichtbar, ideal sind Flüssigseife und Papier-Einweghandtücher (hierfür notwendig ist dann auch ein Papierkorb).
- Sind Reinigungs- und Trockentücher sowie Geschirrspülmittel in ausreichender Zahl und Menge vorhanden? Die Schülertische, die für die Praxiseinheit genutzt werden, sind vorher und nachher abzuwischen, d. h. entsprechend sind Reinigungstücher (für Feucht-, bzw. Nassgebrauch) und Trockentuch sowie Geschirrspülmittel, idealerweise mit einem kleinen Eimer mitzubringen. Alternativ benötigt man eine abwaschbare Abdeckung in entsprechender Größe (Wachstischtuch).
- Sind Schüsseln, Spül- und Geschirrtrockentücher vorhanden? Benötigt werden zwei Schüsseln (zum Abspülen und Abtropfen von Geschirr) oder eine Schüssel und eine Abtropfeinheit sowie Spül- und Geschirrtrockentuch, um den Schülern zu verdeutlichen, dass Nahrungszubereitung auch notwendige Reinigungsarbeiten mit sich bringt.

- Je nach ausgesuchtem Rezept ist dieses für Schüler zu visualisieren (Tafel, Overheadprojektor, Buch etc.), entsprechend sind Kreide, Folien, Folienstifte oder Kopien vorzubereiten und/oder von der Lehrkraft mitzubringen.
- Haben alle Schüler eine Schürze und falls nötig eine Kopfbedeckung? Die Schüler sollten für die Praxiseinheit über Schürzen und bei längeren Haaren auch über eine geeignete Kopfbedeckung verfügen. Dies muss im Vorfeld – gegebenenfalls in einem Elternbrief – geklärt werden.
- Sind alle notwendigen Arbeitsmaterialien vorhanden? Da üblicherweise Klassenräume nicht für die Herstellung und den Verzehr von Speisen ausgestattet sind, müssen sämtliche Arbeitsmittel (z. B. Waage, Schneidebretter, Messer, Schüsseln, Gläser, Teller, Besteck) organisiert werden.[1]
- Sind Steckdosen (mit entsprechender Absicherung) und gegebenenfalls Verlängerungskabel vorhanden?
- Sind gegebenenfalls benötigte Wärmequellen für die Zubereitung vorhanden (z. B. mobile Kochplatten, Backofen, Mikrowellengerät)?
- Sind die benötigten Lebensmittel in ausreichender Menge vorhanden? Die Beschaffung von großen Lebensmittelmengen erfordert eine logistische Vorarbeit. Damit jeder Schüler in der Klasse die selbst hergestellten Speisen und Getränke probieren kann, müssen größere Mengen mit einem Pkw beschafft oder von einem Lieferanten (z. B. vom Lebensmitteleinzelhandel oder einem nahe gelegenen Bauernhof) angeliefert werden. Ist dies nicht möglich, muss der Einkauf und das Mitbringen der Lebensmittel eventuell auch durch die Schüler im Vorfeld gut durchdacht und organisiert werden.
- Sind Arbeits- und Betriebsmittel in ausreichender Anzahl vorhanden? Je nach Größe der zu beteiligenden Schülergruppe sind „Aktionsmittel" wie Messer, Schneidbretter, Probierlöffel etc. in größerer Anzahl nötig. Die Größe der benötigten Gegenstände (z. B. Schüsseln, Töpfe) ist der zuzubereitenden Menge anzupassen.
- Wer übernimmt die Kosten für diese Praxiseinheit? Abrechnungsmodalitäten für die Lebensmittelkosten sind vorab zu klären (Klassenpauschale, Einzelkostenabrechnung mit Schülern, Eltern, Förderverein, Sponsoring ...) und hinterher abzuwickeln. Meist treten Lehrkräfte persönlich in finanzielle Vorleistung.
- Worauf ist im Klassenraum besonders zu achten, wenn mit Kochstellen gearbeitet wird? Sind Schulleitung und Hausmeister informiert und der Standort des nächsten Feuerlöschers bekannt? Sind Topflappen oder ähnliches vorhanden? Empfehlenswert ist, darauf zu achten, dass Wärmequellen nicht direkt unter eventuell vorhandenen Rauchmeldern platziert werden und Schulleitung oder Hausmeister vorab über diese Form des Unterrichts informiert sind.

Bei der Nahrungszubereitung im Klassenraum müssen Arbeitsmittel in ausreichender Anzahl organisiert werden

1 Unter Umständen können einige Arbeitsmittel auch von Schülern mitgebracht werden, auf „ungefährliches" Material (z. B. ausreichend scharfe Messer etc.) ist dabei zu achten. (In diesem Fall sollten die Eltern eine Einverständniserklärung abgeben, die den Schülern und der Lehrkraft die Benutzung der häuslichen Gegenstände erlaubt. Außerdem sollte geklärt sein, wer gegebenenfalls die Kosten für entstandene Schäden an den Gegenständen übernimmt.)

Wenn nicht für alle Schüler gleichzeitig die Möglichkeit besteht, praktisch tätig zu werden, ist ein Beschäftigungskonzept für die Mitschüler notwendig (z. B. parallel Tischdecken, sofern ausreichend Tische vorhanden sind, Servietten gestalten etc.). Zu achten ist auf möglichst nachhaltiges Arbeiten, d. h. im Vorfeld sollten Regeln abgesprochen sein für das praktische Arbeiten in Gruppen mit möglichst geringem Wasser- und Energieeinsatz (bei Einhaltung der Hygienevorschriften), Abfallvermeidung, Wertstofftrennung etc.

Kombiniert werden können Praxiseinheiten zur Nahrungszubereitung – je nach Schultyp und in Absprache mit anderen Lehrkräften – mit Lehrinhalten anderer Unterrichtsfächer wie z. B.:

- Deutsch (Beschreibung der Praxisdurchführung)
- Erdkunde (Herkunft und Anbaugebiete von Lebensmitteln)
- Geschichte (Bekanntwerden und Verwendung einzelner Lebensmittel und Zubereitungstechniken)
- Kunst (Dekoration und Garnitur der Teller, Gestaltung von Servietten, Zeichnen oder Fotografieren, Erstellen von Collagen aus Verpackungsmaterialien etc.)
- Mathematik (Berechnung von Mengen, Kosten und Energiegehalt der Speisen)
- Sachkunde (Bewertung von Verpackungsmaterialien der gekauften Lebensmittel unter ökologischen Aspekten)
- Wirtschaft (Erstellen eines Speisenplans im Rahmen eines vorgegebenen Haushaltsbudgets)

Deutlich wird durch diesen Überblick, dass eine praktische Einheit zur Herstellung von Speisen oder Getränken im Klassenzimmer einen hohen Aufwand für die Lehrkraft und eine umfassende Vorbereitung sowie gegebenenfalls Absprachen im Kollegium mit sich bringt, selbst wenn nicht richtig „gekocht" wird. Insofern ist sehr gut nachvollziehbar, dass viele Lehrkräfte einen solchen Aufwand scheuen, vor allem weil im Klassenraum die Praxis einer Nahrungszubereitung nur ansatzweise verdeutlicht werden kann.
Überlegenswert ist – auch zur Umsetzung des Gelernten zu Hause –, ob Eltern zur Unterstützung der Lehrkraft aktiv in solche Praxiseinheiten einbezogen werden können. Das Engagement von externen Fachkräften (z. B. Landfrauen) für solche einmaligen Praxisversuche stellt eine weitere Möglichkeit dar. In der Regel bringen diese Fachkräfte die benötigten Gegenstände für das „Kochen" mit, wobei dies meist nur eine Demonstration ohne Schülerbeteiligung sein kann.
Findet Speisenherstellung im Rahmen von Projekten statt, d. h. während mehrerer Unterrichtseinheiten/an mehreren Tagen nacheinander, relativiert sich der Vor- und Nachbereitungsaufwand. Zu klären ist dann im Vorfeld, von wem die Lebensmittel beschafft, wo sie gegebenenfalls ordnungsgemäß (gekühlt, tiefgekühlt) gelagert werden können und wie die Abrechnung erfolgt.

1.1.5 Nahrungszubereitung in der Lehrküche

In Schulen, in denen laut Curriculum Hauswirtschaftsunterricht zu erteilen ist, sind meist neben Hauswirtschaftsräumen (z. B. für Wäschepflege, Reinigung, Textilarbeit) auch Fachräume zur Nahrungszubereitung vorhanden. Diese Lehrküchen können unterschiedlich konzipiert sein

Abb. 1.1: Beispiel einer Lehrküche in Grundschulen mit Esstisch in der Raummitte (Hoop/Leicht-Eckardt 2009, S. 135)

und ermöglichen entweder einer ganzen Klasse oder einer kleineren Anzahl Schüler ein küchenpraktisches Arbeiten.

Neben der eigentlichen Küche ist ein zusätzlicher fachtheoretischer Raum notwendig. Dieser Vorbereitungsbereich dient der Besprechung von Rezepten und Arbeitsabläufen, der Gruppeneinteilung und individuellen Aufgabenstellung sowie dem gemeinsamen Verzehr der hergestellten Gerichte. Fachtheorie-Räume sind in der Regel räumlich von der „Arbeitsküche" getrennt, aber in nächster Nähe, um dort zubereitete Speisen direkt servieren zu können. Diese Räume sind ähnlich einem Klassenzimmer ausgestattet mit Tischen und Stühlen, sowie Tafel, Overheadprojektor oder Computer und Beamer. Gegebenenfalls wird mit einem EDV-System gearbeitet für ernährungsoptimierte Speisenplanung, Nährwert- und Kostenberechnung. Finden Vorbereitung und Verzehr aus Platzgründen im gleichen Raum – aber zeitlich getrennt – statt, müssen vor dem Tischdecken die Arbeitsutensilien der Schüler abgeräumt werden. Garderobe und Schultaschen haben in der Lehrküche nichts zu suchen, sodass hierfür separat ein sicherer Platz vorzusehen ist. Handwaschbecken können zwischen Vorbereitungs- und Zubereitungsbereich oder im Eingangsbereich einer Küche angebracht sein.

Ausstattung der Lehrküche

Neben entsprechender Lagerfläche für Koch- und Essgeschirr sowie Lebensmittel, Spülbecken sowie Abfall- und Wertstoffbehältern gehören zur Ausstattung einer Lehrküche Großgeräte (Stand- oder Einbaugeräte) und Kleingeräte für folgende Bereiche:

Lagerung: z. B. Kühlschrank, Kühl-Gefrierkombination, Gefrierschrank,

Vorbereitung: z. B. Handrührgerät, Küchenmaschine,

Zubereitung: z. B. Herd oder Kochfeld und (hochgestellter) Backofen, Mikrowellengerät, Dunstabzugshaube,

Reinigung: z. B. Spülmaschine, evtl. Waschmaschine und Wäschetrockner für Spül-, Geschirrtücher, evtl. Schürzen, Tischwäsche.

In einer Lehrküche sollen Schüler Fertigkeiten und Fähigkeiten zur Nahrungszubereitung im Maßstab von Privathaushalten erlernen, deshalb sind die einzelnen „(Koch)Kojen" genannten Küchenzeilen (meist einzeilig oder in L-Form) wie in Haushaltsküchen gestaltet. Wichtig ist, dass der direkte Kontakt zwischen Schülern und Lehrkraft und damit deren Eingreifen problemlos möglich ist. In kleinen (Grund-)Schulen kann gegebenenfalls die Lehrküche mit ihren Kojen so flexibel gestaltet sein, dass der Verzehr der Speisen in diesem Raum stattfinden kann. In ■ Abbildung 1.1 sind beispielhaft der Grundriss und die Nutzungsmöglichkeit einer Grundschulküche dargestellt. Nicht dargestellt ist, dass zusätzlich ausreichend Schrank- und Stauraum in einer Lehrküche vorhanden sind und sein müssen für Koch- und Essgeschirr, Geschirr- und Spültücher, Lebensmittellagerung etc.

Die Gestaltung einer Lehrküche hängt ab

- vom Alter und der Anzahl Schüler,
- den in der Küche zu erledigenden Tätigkeiten (z. B. Nutzung auch für Vereine, Volkshochschule etc.),
- den räumlichen, technischen und finanziellen Möglichkeiten.

Da davon auszugehen ist, dass in Lehrküchen Fachlehrkräfte arbeiten, wird nachfolgend auf Abläufe von Praxiseinheiten zur Nahrungszubereitung in Fachpraxisräumen nicht näher eingegangen. Hingewiesen sei jedoch auf die Notwendigkeit der Einweisung von Schülern in Arbeits-, Brand- und Gesundheitsschutz sowie Hygiene (empfohlen wird zur Absicherung der Lehrkraft, sich dies durch Unterschrift der Schüler bestätigen zu lassen) und die diesbezüglich notwendige fachliche Kontrolle während der praktischen Tätigkeit sowie beim Aufräumen und Reinigen.

1.1.6 Nahrungszubereitung in der Schulküche

Je nach Größenordnung, Verpflegungs- und Betriebssystem unterscheiden sich Aufgaben, Größe und Ausstattung von Schulküchen (▸Band 1, Kapitel 2). Im Gegensatz zu einer Lehrküche, in der Speisen von Schülern zum eigenen Verzehr in Dimensionen von Privathaushalten (Rezepte für üblicherweise bis zu vier Personen) zubereitet werden, wird in einer Schulküche im großen Maßstab für mindestens 20 Personen gekocht (oder es werden Speisen aufbereitet oder angelieferte Speisen ausgegeben). Im Schulküchenbetrieb besteht ein Unterschied zwischen den Personen, die zu- oder aufbereiten oder ausgeben und denen, die die Speisen verzehren. Damit zählen Schulküchen zum Bereich der Gemeinschaftsverpflegung und haben für Großküchenbetriebe geltende Rechtsvorschriften zu beachten (▸Band 1, Kapitel 2).
Da Schulküchen nur von geschultem Personal in Arbeitskleidung betreten werden dürfen und die Ausstattung oft nicht die Küchensituation von Privathaushalten abbildet, sind die Nutzungsmöglichkeiten für Praxisbeispiele im Rahmen einer Unterrichtseinheit zur Ernährungsbildung sehr eingeschränkt. Schulträger gehen bei der Ausstattung und Einrichtung von Schulküchen mit Arbeitsmitteln nicht von einer größeren Anzahl aktiv Beteiligter aus. Gegebenenfalls muss nach einer Nutzung der Schulküche durch Schüler im Rahmen einer Unterrichtseinheit alles extra gereinigt und desinfiziert werden.[2]
Für eine Tätigkeit in Schulküchen – unabhängig ob ehrenamtlich oder bezahlt, dauerhaft oder fallweise – sind eine Erstbelehrung nach Infektionsschutzgesetz sowie regelmäßige Hygieneschulungen für die dort Tätigen vorgeschrieben und nachzuweisen. Schulküchen werden von den zuständigen Behörden vor Inbetriebnahme abgenommen und im Rahmen der amtlichen Überwachung kontrolliert (z. B. bezüglich Hygiene, Schädlingsbefall). Auch Schülerfirmen und Eigenregiebetriebe (z. B. Elterninitiative, Mensaverein) für Schulverpflegung müssen entsprechend der rechtlichen Vorgaben arbeiten. Problematisch ist in der Praxis, wenn Schüler (Projekte, Schülerselbstverwaltung) zeitweise Teile der Verpflegung für ihre Mitschüler übernehmen und parallel professionell gekocht oder Essen ausgegeben wird.
Sollen Räumlichkeiten einer Schulküche im Rahmen von Unterricht fallweise für die Praxis der Nahrungszubereitung von anderen Schülern (mit-)benutzt werden, empfiehlt es sich im Vorfeld eindeutige Absprachen mit der zuständigen Überwachungsbehörde (nach Bundesland und Kreis/Stadt unterschiedlich, z. B. Gesundheitsamt, Lebensmittelüberwachung) zu treffen und diese schriftlich festzuhalten, da einschlägige Vorschriften unterschiedlich interpretiert werden.

2 Zur notwendigen Ausstattung von Schulküchen siehe Band 1, Kapitel 2.

1.1.7 Nachhaltigkeit in Ernährungsbildung und Schulverpflegung

Den Autorinnen dieses Werks ist es wichtig, das Thema Nachhaltigkeit auch in der Praxis anwendbar zu machen. Entsprechend findet sich dieses Prinzip auch in den hier ausgewählten Projekten und Rezepten wieder.
Wie in Band 1 grundlegend erläutert, wurde der Begriff der Nachhaltigkeit bzw. der nachhaltigen Entwicklung 1992 im Wesentlichen von den Vereinten Nationen geprägt. Danach versteht man unter Nachhaltigkeit eine dauerhafte Entwicklung auf ökonomischer, ökologischer und sozialer Basis, die sowohl die Bedürfnisse der Gegenwart als auch die Bedürfnisse künftiger Generationen befriedigen kann. Das Prinzip des nachhaltigen Wirtschaftens wurde als weltweite Aufgabe für das 21. Jahrhundert in der so genannten „Agenda 21" proklamiert. Grundsätzlich soll – wenn man „nachhaltig" handelt – nicht auf Kosten der Natur, anderer Menschen oder künftiger Generationen agiert werden. Durch die Auswahl und den Kauf von Produkten trägt jeder Einzelne in unterschiedlichem Umfang zum globalen Ressourcenverbrauch bei.
Da Bildung ein Schlüsselfaktor für nachhaltiges Handeln in der Zukunft ist, sollte Nachhaltigkeit auch in der Praxis der Nahrungszubereitung ein grundlegendes Prinzip sein. Beispielsweise sind saisonale und regionale Produkte nicht mit zusätzlicher Umweltbelastung durch Transportenergie verbunden. Eine saisonale Obst- und Gemüseauswahl gewährleistet darüber hinaus oft günstige Preise und hat daher gute Chancen, auch in privaten Haushalten mit geringem Haushaltsbudget übernommen zu werden. Dies unterstützt den pädagogischen Ansatz, dass praktische Nahrungszubereitung in der Schule unter Nachhaltigkeitsaspekten auch im Alltag von Schülern umsetzbar sein soll.
Entsprechend sinnvoll ist es, bei der Praxis auch in der Schule auf einen möglichst geringen Verbrauch von Energie und Wasser sowie Geschirr zu achten und dennoch Hygieneregeln einzuhalten. Häufig ist es hierfür notwendig, Schülern zunächst grundsätzliches Wissen über Energieträger (Primärenergie: Erdgas, Sekundärenergie: Strom), Wasserkreisläufe und entsprechend physikalische Einheiten (kWh, m^3, Liter) und die damit verbundenen Kosten zu erläutern. Hier können sich im Kontext der Unterrichtspraxis „Nahrungszubereitung" Themen ergänzend zu anderen Unterrichtsfächern (z. B. Sachkunde, Physik) ergeben und so die Theorie für die Schüler zusätzlich in einen sinnvollen Anwendungsbezug setzen. Dies unterstreicht die Bedeutung des Themas Nachhaltigkeit und Ressourcenschonung als unterrichtliche Querschnittsaufgabe mit hauswirtschaftlicher Beteiligung.

1.2 Hintergründe und Aufbau der Rezepte

In Band 1 dieses Werkes wurden im Kontext des jeweiligen Kapitels (Ernährungsbildung, Schulverpflegung, Nachhaltigkeit) beispielhafte Projekte zum Thema vorgestellt. In diesen Projekten wurden unterschiedliche Praxisaktionen zur Speisenherstellung durchgeführt, die nachfolgend näher erläutert werden.
Der Aufbau der nachfolgenden Beschreibung ist jeweils gleich: Zunächst werden die Projekt-Hintergründe dargestellt, es folgen die didaktischen und methodischen Überlegungen und abschließend die Erklärung, warum bestimmte Inhalte und Formalitäten bei der Rezepterstellung und der Praxisdurchführung gewählt wurden.
An diese Ausführungen schließt sich dann der Rezeptteil an, der ausgewählte Rezepte aus allen Projekten zusammenfasst und nach einheitlicher Systematik aufbereitet. Größtenteils stammen die Rezepte aus der Arbeit des WABE-Zentrums, dem ökotrophologischen Versuchsbetrieb der Hochschule Osnabrück. Dort werden mit Studierenden für unterschiedliche Zielgruppen, also auch für Schulen, Projekte konzipiert, durchgeführt und evaluiert. Weitere Rezepte sind u. a. im Rahmen des Projekts „DieBesserEsser" der Hauptschule „An der Wildbahn" in Norden (▸ Band 1, Kapitel 1.4.5) entwickelt bzw. für die unterschiedlichen Zielsetzungen und Zielgruppen differenziert aufbereitet worden. Die einzelnen Projekte können Schulen als Anregungen für das eigene Arbeitsfeld dienen, während die erprobten Rezepte direkt in der Praxis einsetzbar sind.

1.2.1 Pädagogischer Hintergrund der Projekte

Nahrungszubereitung ist eine Tätigkeit, die – wenn unter Kochen mehr verstanden wird als das Aufwärmen von Tiefkühl- oder Dosengerichten – ein umfassendes Maß an Know-how, Erfahrung, Übersicht, Organisation und handwerklichem Können erfordert. Mit zunehmendem Alter können Kinder an der täglichen Nahrungszubereitung beteiligt werden. Je nach motorischen Fähigkeiten können auch Schüler im Topf rühren, den Teig kneten oder Gemüse schneiden.
Es ist einfach, Kinder über den Weg des Kochens zum genussvollen und bewussten Essen zu führen. Schüler aktiv in die Zubereitung einer Mahlzeit mit einzubeziehen, ist ein wichtiger Aspekt nachhaltiger Ernährungsbildung. Kinder lernen durch Beobachtung von Erwachsenen und ihre eigenen Erfahrungen mit Lebensmitteln, Speisen und Getränken. Haben Kinder und Jugendliche eine Mahlzeit selbst zubereitet, wird diese viel eher probiert, lieber und bewusster verzehrt und dafür eingesetzte Rohstoffe werden mehr wertgeschätzt.
Ein Bestandteil des pädagogischen Konzepts in Schulen sollte auf jeden Fall sein, Schülern Alltagskompetenzen auch im Bereich der Nahrungszubereitung zu vermitteln, da dies im häuslichen Umfeld häufig nicht mehr erlebt und erlernt werden kann. Dazu gehört es, beispielsweise im Ganztagsbetrieb, Kinder in die Speisenherstellung und -verteilung nach Möglichkeit aktiv einzubinden.

1.2.2 Didaktische Konzeption

Grundsätzlich sind Rezepte von ausgewogenen Speisen für Erwachsene auch für Kinder geeignet. Es hängt sehr stark vom individuellen Geschmack und der Gewohnheit ab, ob Kinder, aber auch Erwachsene, ein Gericht mögen oder nicht.

Einige Merkmale von Speisen, die speziell von Kindern bevorzugt werden:

- separate Komponenten
- passierte und cremige Suppen
- Rohkost eher als gekochtes Gemüse (Fingerfood)
- süßer Geschmack (z. B. Mehlspeisen, Möhren)
- ansprechende Gestaltung der Speisen (Farbe, Gesichter, Dekoration usw.)

Wie dargelegt, sind selbst hergestellte Speisen eine besondere Chance, Kinder und Jugendliche auch zum Probieren von bis dahin unbekannten Lebensmitteln und Gerichten zu animieren und so über ein wiederholtes Angebot damit vertraut zu machen. Rezepte können also gleichzeitig auf Gewohntes und Geliebtes abgestimmt und bewusst kombiniert werden, um Neues – und damit Unbekanntes – einzubringen. Werden zusätzlich zur Zubereitung vorgegebener Rezepturen Kreativitätsspielräume eröffnet, die ein Abwandeln der Rezeptur erlauben, ist dies besonders bei Jugendlichen eine gute Möglichkeit, für deren künftige eigene Speisenversorgung einen Beitrag auch im Sinn der Nachhaltigkeit zu leisten und damit die Akzeptanz für hauswirtschaftliches Handeln zu steigern. Die nachfolgenden Rezepte sind vor diesem Hintergrund als Anleitung und nicht als streng zu befolgende Vorgaben zu sehen.

1.2.3 Methodische Konzeption

Um nachhaltig Alltagskompetenz zu vermitteln, ist es wichtig, Schülern sukzessive die gesamte Komplexität der Nahrungszubereitung begreifbar zu machen. Dies setzt immer eine Vorbereitung seitens der Lehrkraft voraus.
Die vorliegenden Rezepte können eingesetzt werden im Sachunterricht, in Koch-AGs, in der Mensa, in der Cafeteria, in Schülerfirmen, an Schulfesten, Projekttagen und zu anderen Gelegenheiten. Ob sie für den Klassenraum, die Lehr- oder Schulküche in den Projekten erprobt und daher besonders geeignet sind, ist auf dem jeweiligen Rezept mit einem speziellen Hinweis gekennzeichnet.
Es empfiehlt sich Gruppen einzuteilen, deren Größe und Aufgabenstellung je nach räumlichen, technischen und zeitlichen Möglichkeiten sowie Fähigkeiten der Schüler individuell angepasst und geplant sind. Gegebenenfalls müssen im Vorfeld eine Geräteeinweisung in der Schulküche sowie eine Hygienebelehrung mit Belehrungshinweisen entsprechend Infektionsschutzgesetz erfolgen. Im Klassenraum muss das Vorhandensein der benötigten Ausstattung sowie der notwendigen Arbeitsmaterialien im Vorfeld einer Praxiseinheit zur Nahrungszubereitung überprüft und entsprechend organisiert werden (▸Kapitel 1.1.4).
Die Lehrkraft muss entscheiden, ob und was sie selbst vorbereitet und welche Schritte sie an die Schüler delegieren möchte und kann. Für letzteres geeignet sind je nach unterrichtlichem Zusammenhang und Klassenstufe:

- die Beschaffung der Lebensmittel
- deren Kostenberechnung
- die Zuordnung der Lebensmittel zur Ernährungspyramide
- die Nährwertberechnung der Lebensmittel
- ordnungsgemäße Lagerung der Lebensmittel
- Vorbereitung von Arbeitsplätzen und -gegenständen
- mechanische Vorbereitung (z. B. Zerkleinern) von Lebensmitteln
- Zubereitung
- Aufräumen und Reinigen der Arbeitsplätze
- Trennung und Entsorgung von Abfall und Wertstoffen
- Tischdienst, Servieren

Um zu erreichen, dass die zubereiteten Gerichte von Schülern auch zu Hause nachgekocht und in den Haushaltsspeiseplan aufgenommen werden, ist es unerlässlich, das Rezept Schülern dauerhaft zugänglich zu machen, die selbst zubereiteten Speisen anschließend bei einer gemeinsamen Mahlzeit zu verzehren und auf eine angenehme Atmosphäre zu achten. Damit in allen Gruppen die Speisen gleichzeitig fertig gestellt sind und für eine gemeinsame Mahlzeit bereitstehen, muss die Lehrkraft eine entsprechende Zeitplanung und -überwachung vornehmen. Tischkultur trägt ebenfalls zu einer positiven Bewertung der selbst erstellten Speisen bei. Zu den Mahlzeiten sollten auch immer Getränke (z. B. Wasser, Früchtetee, Obstsäfte je nach Saison) angeboten werden. Eventuell bieten sich hier Kooperationsmöglichkeiten mit örtlichen Wasserversorgern an, da Trinkwasser aus der Leitung auch in Schulen wieder stärker propagiert werden soll. Eine Nutzung vorhandener und bisher nicht genutzter Wasserleitungen setzt vorab eine (mikrobiologische) Überprüfung der Wasserqualität voraus, die gegebenenfalls vom Wasserversorger übernommen wird.
Für die Verwendung im Unterricht muss zunächst ein Rezept nach Anlass, Saison, Handhabung und Aufwand entweder mit oder ohne Schülerbeteiligung ausgewählt werden. Rezeptvorlagen können bei entsprechender Ausführung zum Einkauf als Einkaufsliste mitgenommen und die Liste der benötigten Gegenstände zur Vorbereitung genutzt werden.
Vor der Zubereitung sollten die Rezepte den Schülern vorgestellt und gemeinsam durchgelesen und besprochen werden. Einzelne Arbeitschritte, Mengenangaben oder besondere Zutaten müssen eventuell erläutert werden. Zu den Arbeitsschritten zählen neben dem Einkauf der Lebensmittel, dem Vorbereiten der Arbeits- und Betriebsmittel und des Arbeitsplatzes auch die Personalhygiene (Händewaschen und Abtrocknen), die sachgerechte Entsorgung der restlichen Lebensmittel und ggf. der Speisenreste sowie das Reinigen und Aufräumen der Arbeitsflächen, -geräte, sowie ggf. der Küchen- und Speisenräume.

Nachfolgend sind zum besseren Verständnis die didaktischen und methodischen Besonderheiten der Projekte kurz dargestellt, aus denen die im nachfolgenden Teil aufgeführten Rezepte stammen.

Die einzelnen Projekte

- Projekte des WABE-Zentrums der Hochschule Osnabrück:
  Nachhaltige Verpflegung in Grundschulen
  Obst und Gemüse im Schulalltag
  Heimische Wildpflanzen im Alltag
  Milch in der Ernährungsbildung

- Projekte des Projekts „DieBesserEsser" an der Hauptschule Norden:
  Hauswirtschaftsunterricht
  Salatbar
  AG „Männersache": Bauanleitungen
  Pausenverpflegung

1.2.4 Rezepte des Projekts „Obst und Gemüse im Schulalltag"

Hintergrund und Entstehung der Rezepte

Die Qualitätsstandards in der Schulverpflegung der Deutschen Gesellschaft für Ernährung (DGE) fordern im Bereich von Obst und Gemüse einen freien Zugang zu frischem Stückobst. Zudem soll Rohkost im täglichen Angebot zu finden sein. Dieses den Schülern schmackhaft zu machen, ist nicht immer einfach. Aktuelle Studien wie z. B. der Ernährungsbericht der DGE 2008 belegen, dass Schüler zu wenig Obst und Gemüse konsumieren.
Daher ist es umso wichtiger, Obst und Gemüse in schmackhaften, für Schüler interessanten und ansprechenden Rezepten zu „verpacken". Der gesundheitliche Aspekt spielt dabei zwar eine große, für die Schüler aber nicht sichtbare Rolle.
Die vom WABE-Zentrum eingesetzten Rezepte erfüllen diese Vorgaben. Sie basieren auf den Empfehlungen des Forschungsinstituts für Kinderernährung Dortmund und bereichern so den Obst- und Gemüsealltag der Schüler. Die Portionsangaben sind bei den jeweiligen Rezepten aufgeführt und beziehen sich auf die Zubereitung im Klassenraum.

Didaktische Konzeption

Für die Zusammensetzung der im Projekt verwendeten Rezepte spielte eine zielgruppenspezifische Aufbereitung eine große Rolle. Nicht der Einsatz von möglichst viel Obst und Gemüse stand dabei im Vordergrund, sondern die Zubereitung eines schmackhaften Essens. Obst und Gemüse sollten auf diesem Weg unbewussten Zugang zum Alltag der Schüler finden, integriert und als selbstverständlich angesehen werden.

Die Zielsetzungen der eingesetzten Rezepte waren:

- Freude am Umgang mit Obst und Gemüse entwickeln,
- Genuss und Geschmack bei der Speisenzubereitung trainieren,
- Pausensnacks mit Obst und Gemüse kennenlernen,
- Interesse wecken an der eigenen Zubereitung von Speisen,
- bei der selbstständigen Speisenherstellung motorische Fähigkeiten im Umgang mit Lebensmitteln und Arbeitsgeräten ausbauen,
- Geschmacksvielfalt in der Speisenauswahl von Obst und Gemüse erleben.

Methodische Konzeption

Bei der Speisenherstellung im Klassenraum wurde anhand von Stationen-Lernen gearbeitet. Zunächst erfolgte eine Aufteilung der Klasse in vier Gruppen, mit einer Gruppenstärke von durchschnittlich sechs Schülern. Je eine Gruppe bereitete ein Rezept zu (■ Abbildung 2.1), sodass am Ende der Unterrichtseinheit ein Buffet mit vier verschiedenen Gerichten aufgebaut werden konnte. Die Schüler lasen selbstständig die Rezepte und verteilten in den Gruppen die Aufgaben zur Zubereitung der Speisen.

Erdbeermuffins (24 Stück)

Benötigte Arbeitsmaterialien

1 Rührschüssel
3 Bretter
3 Schälmesser
1 Waage
1 Litermaß
3 Esslöffel
1 Schüssel für organische Abfälle
2 Muffinformen
Papierförmchen
Backofen

520 g	Mehl	mit
2 P.	Backpulver	und
2 Prisen	Salz	vermengen.
400 g	Erdbeeren	waschen, trocken tupfen und in Würfel schneiden. Zur Mehlmischung geben.
2	Eier	
360 g	Zucker	
200 ml	Öl	und
500 g	Joghurt	zum Mehl geben, vorsichtig zu einem Teig verarbeiten. Zwei Muffinformen mit Papierförmchen belegen, den Teig gleichmeißig verteilen und im Backofen bei Heißluft 160°C 20 – 25 Minuten backen.

WABE-Zentrum, 2009

Abb. 2.1: Rezept aus dem Projekt „Obst und Gemüse im Schulalltag" (WABE-Zentrum 2009)

Systematik

Die Aufteilung der Rezepte erfolgt nach den Kriterien Obst-, Gemüse-, oder Obst- und Gemüserezept (■ Tabelle 2.1). Die Rezepte finden sich im nachfolgenden Rezeptteil.

Rezept	Obst	Gemüse	Obst und Gemüse
Obstspieße	●		
Erdbeermuffins	●		
Apfelkekse	●		
Apfelchips	●		
Gurkenschlangen		●	
Radieschenmäuse		●	
Pizzabrötchen mit Zucchini		●	
Apfel-Zwiebel-Brötchen			●
Apfel-Käse-Brötchen	●		
Bunter Kartoffelsalat		●	
Apfel-Kartoffelsuppe			●
Hamburger mit Frischkäsedip		●	
Erdbeer- Dessert „Leuchtturm“	●		
Lieblingscocktail des Projektes „Obst und Gemüse im Schulalltag“	●		

Tab.2.1: Übersicht der verwendeten Rezepte (WABE-ZENTRUM 2009)

1.2.5 Rezepte des Projekts „Heimische Wildpflanzen im Alltag“ für die Sekundarstufe

Hintergrund und Entstehung der Rezepte

Die Vielfalt heimischer Wildpflanzen bietet aufgrund ihrer Inhaltsstoffe die verschiedensten Verwendungsmöglichkeiten, die von Heil- bis hin zu Nahrungsmitteln reichen. Um sie sinnvoll, d. h. geschmacksgebend oder auch heilend einsetzen zu können, bedarf es spezifischer Kenntnisse, die früher zum Alltagswissen gehörten, heute aber im (Ess-)Alltag kaum noch eine Rolle spielen. Daher werden sowohl Heil- als auch Gewürzpflanzen in Haushalten nur wenig genutzt.

Vor dem Hintergrund einer genuss- und geschmacksorientierten Ernährungsbildung und von Empfehlungen, die Frische und Genuss in der Ernährung wieder mehr Raum geben, können Wildpflanzen von Interesse für eine abwechslungsreiche Küche sein. So können manche Wildpflanzen wie der Spitzwegerich oder die große Brennnessel sowohl als Heilkraut als auch zum Verzehr genutzt werden, z. B. in Suppen. Andere Pflanzen wie Schafgarbenblüten lassen sich

frisch als Gewürz verwenden. Viele Wildpflanzen können sowohl als gekochtes Gemüse in originellen Gerichten als auch als roher Salat verzehrt werden. Sie eignen sich auch zum Herstellen köstlicher Süßspeisen.
Daneben eignen sich essbare Wildpflanzen zum Verfeinern und Dekorieren von Speisen und Getränken, was mehrere Vorteile hat. Bei der Verwendung von nur kleinen Mengen in der Küche werden die Bestände der Wildpflanzen geschont, das Suchen und Sammeln kleiner Mengen ist mit einem nur geringen Zeitaufwand verbunden. Darüber hinaus ist jeder Teller, der mit essbaren Blüten und Blättern geschmückt ist, ein doppelter Augenschmaus.
Die Rezepte, die im Rahmen dieses Projekts verwendet wurden, zeigen anschaulich, wie essbare Wildpflanzen in der Küche eingesetzt werden können und wie wohlschmeckend sie sind. Die Portionsangaben für die Rezepte sind jeweils aufgeführt.

Didaktische Konzeption

Für die Zusammensetzung der Rezepte spielt eine zielgruppenspezifische Aufbereitung eine große Rolle. Der Einsatz von Wildpflanzen steht im Mittelpunkt der Zubereitung einer schmackhaften Mahlzeit. Deshalb sind die Rezepte auch einfach gestaltet. Die Verwendung von essbaren Wildpflanzen soll auf diese Weise bewusst Eingang in den Alltag der Schüler finden, integriert und als selbstverständlich angesehen werden. Voraussetzung für den Einsatz von Wildpflanzen bei der praktischen Nahrungszubereitung ist, dass entsprechende Pflanzen vorhanden und identifizierbar sind.

Die Zielsetzungen der eingesetzten Rezepte waren:

- Freude am Umgang mit essbaren Wildpflanzen entwickeln,
- Genuss und Geschmack bei der Speisenzubereitung trainieren,
- fachgerechte Verarbeitung und Einsatz der Pflanzen(teile) in der Küche kennen,
- Fähigkeiten und Fertigkeiten zur Herstellung einfacher Gerichte mit essbaren Wildpflanzen erwerben,
- motorischen Fähigkeiten im Umgang mit Lebensmitteln und Arbeitsgeräten durch das selbstständige Herstellen von Speisen ausbauen,
- Interesse wecken an der eigenen Zubereitung von Speisen,
- Ideen zum Einsatz der Pflanzen entwickeln.

Methodische Konzeption

An den Praxistagen wurde anhand von Stationen-Lernen gearbeitet. Die Schulklasse wurde in mehrere Gruppen aufgeteilt, eine Gruppe bestand aus fünf bis zehn Teilnehmern. Jede Gruppe bereitete ein Menü aus Getränk, Hauptgericht und Nachspeise nach Rezeptvorlage (■ Abbildung 2.2) zu. Die Schüler lasen selbstständig die Rezepte und verteilten in den Gruppen die Aufgaben zur Zubereitung der Speisen. Die Speisen und Getränke wurden jeweils von der Gruppe, die sie zubereitet hatte, nach Fertigstellung des Menüs probiert.

Systematik

Die verwendeten Rezepte können zu zwei Menüs zusammengestellt werden, die jeweils aus einem Getränk, einem Hauptgericht und einer Nachspeise bestehen (■ Tabelle 2.2).

Fresh-Lemon-Soda
(10 Portionen)

Zutaten
5 Limetten
2,5 l Mineralwasser
Wasser-Minze-Blätter zum Dekorieren
evtl. Zucker

Benötigte Gegenstände
Schneidebrett
Messer
1 Sieb
1 Litermaß
1 großer Krug
1 Saftpresse
1 großer Löffel

Zubereitung
Die Blätter der Wasser-Minze gut abwaschen und abtropfen lassen. Die Limetten waschen, halbieren und auspressen. Den Saft der Limetten in eine Kanne oder einen Krug geben. Mit Mineralwasser auffüllen und kurz umrühren. Abschmecken und evtl. etwas Zucker hinzufügen. Saft auf die benötigte Anzahl Gläser aufteilen und zum Dekorieren ein bis zwei Blätter Minze pro Glas hinein geben.

Abb. 2.2: Rezept aus dem Projekt „Heimische Wildpflanzen im Alltag" für die Sekundarstufe.

Rezept	Getränk	Hauptgericht	Nachspeise
Fresh Lemon Soda mit Wasserminze	●		
Brombeer-Erfrischungsshake	●		
Mischpilz-Brennnessel-Risotto		●	
Spitzwegerich-Gemüse-Eintopf		●	
Brombeerkompott			●
Joghurt mit Walderdbeeren und Wasserminze			●

Tab. 2.2: Übersicht der verwendeten Rezepte „Heimische Wildpflanzen im Alltag" (eigene Darstellung)

1.2.6 Rezepte des Projekts „Milch in der Ernährungsbildung“

Hintergrund und Entstehung

Zu einer bedarfsgerechten abwechslungsreichen Ernährung von Kindern gehören auch Milch und Milchprodukte. Ihre Inhaltsstoffe, z. B. Calcium, sind wichtige Bestandteile einer gesunden Ernährung. Deshalb ist es wünschenswert, wenn Kinder auch in der Schule Milch trinken können. Allerdings gibt es an immer weniger Schulen ein von der Europäischen Union finanziell gefördertes Schulmilchangebot. Die Bestellungen der Schulmilch sind seit 1993 um knapp 70 Prozent zurückgegangen. Deswegen ist es wichtig, dass die Kinder zu Hause Milch trinken.
Milch ist der wichtigste Lieferant von Calcium, das der Körper u. a. für den Knochenaufbau und für die Zähne benötigt. Eine gute Orientierungshilfe für eine ausgewogene und schmackhafte Ernährung bietet die aid-Ernährungspyramide für Kinder (aid – infodienst Ernährung, Landwirtschaft, Verbraucherschutz e. V.). Für die Lebensmittelgruppe Milch und Milchprodukte werden darin drei Portionen täglich angezeigt, d. h. dass Kinder und Jugendliche täglich drei Portionen Milch und Milchprodukte zu sich nehmen sollen (z. B. 1 Glas Milch, eine Scheibe Käse, 1 Becher Joghurt).

Didaktische Konzeption

Für die Zusammensetzung der im Projekt verwendeten Rezepte spielte eine zielgruppenspezifische Aufbereitung eine große Rolle. Deshalb standen nicht der Einsatz von Milch und Milchprodukten im Vordergrund, sondern die Zubereitung schmackhafter Speisen und Getränke. Auf diese Weise sollte der Konsum von Milch und Milchprodukten unbewusst Eingang in den Alltag der Schüler finden, integriert und als selbstverständlich angesehen werden.

Die Zielsetzungen der im Projekt eingesetzten Rezepte waren:

- Genuss und Geschmack bei der Speisenzubereitung trainieren,
- Milch und Milchprodukte als Zwischenmahlzeit einsetzen,
- Speisen selbstständig zubereiten,
- motorische Fähigkeiten im selbstständigen Umgang mit Lebensmitteln und Arbeitsgeräten ausbauen,
- Variationsmöglichkeiten in der Verarbeitung von Milch und Milchprodukten in der Speisenauswahl nutzen,
- Rezepte nach möglichst saisonalen Zutaten auswählen.

Methodische Konzeption

Bei der Speisenherstellung im Klassenraum wurde anhand von Stationen-Lernen gearbeitet. Zunächst erfolgte eine Aufteilung in Zweiergruppen, wobei hier großer Wert darauf gelegt wurde, dass die anwesenden Eltern mit ihren Kindern zusammen arbeiteten. Jede Gruppe bereitete ein Rezept zu, sodass am Ende der Durchführung vier verschiedene Milchmixgetränke, die in Buffetform präsentiert wurden, zum gemeinsamen Verzehr zur Verfügung standen. Die Schüler lasen mit Unterstützung der Eltern die Rezepte und verteilten in den Gruppen die Aufgaben zur Zubereitung der Speisen.

Systematik

Alle Rezepte, die im Rahmen des vorgestellten Projektes erprobt wurden und in dieser Veröffentlichung Eingang gefunden haben, werden entsprechend eines gängigen Schemas einer

Menüfolge eingeordnet. Milch- und Milchmixgetränke wurden trotz ihrer hohen Nährstoff- und Energiedichte den Getränken und Mixgetränken zugeordnet, da sie einen Beitrag zur täglichen Flüssigkeitszufuhr leisten können.
Der Aufbau der Rezepte erfolgte tabellarisch, um den Schülern einen leichten Lesefluss und einen guten Überblick zu ermöglichen (■ Abbildung 2.3). Zudem wurde der Einsatz von technischen Geräten gering gehalten, um eine Durchführung im Klassenzimmer zu erleichtern. Eine Auflistung der benötigten Arbeitsmaterialien und Geräte wurde den Rezepten vorangestellt. Die Mengenangaben wurden in üblichen Größen wie Stückzahl, Kilogramm oder Löffeln angegeben und waren somit auch für jüngere Schüler umsetzbar. Folgende Rezepte wurden erprobt:

- Milchshake mit Himbeeren
- Apfel-Buttermilch
- Fruchtmolke
- Pflaumen-Joghurt-Drink
- Heidelbeer-Soja-Shake
  (Zusatzrezept bei Teilnehmern mit Milchunverträglichkeit)

Milchshake mit Himbeeren (4 Portionen)

Benötigte Arbeitsmaterialien / Geräte
1 Brett
1 Schälmesser
1 Litermaß
1 Pürierstab
1 Zitronenpresse

2	Bananen	schälen und in Scheiben schneiden. Anschließend diese in ein 2-Liter-Litermaß geben. Nun
250 g	Himbeeren	dazugeben und mit Hilfe eines Pürierstabes das Obst fein pürieren.
1	Orange	Durchschneiden, mit einer Zitronenpresse auspressen und den Saft der Orange sowie
600 ml	Milch	ebenfalls in das Litermaß geben und noch mal kurz durchmixen.

Abb. 2.3: Rezept aus dem Projekt „Milch in der Ernährungsbildung" (WABE-Zentrum 2010)

1.2.7 Rezepte für den Hauswirtschaftsunterricht an der Hauptschule Norden

Hintergrund und Entstehung
Das Projektteam „DieBesserEsser" fand in der Schule verschiedene Rezepte vor. Im Zuge der Bearbeitung wurden die gestalterische Ausführung und die Zusammenstellung der Zutaten überarbeitet und einige Rezepte neu eingeführt. Das Projektteam konnte mit seiner theoretischen Expertise und praktischem Know-How die Lehrkräfte für den Hauswirtschaftsunterricht unterstützen und zu einer Vereinheitlichung des Vorgehens im Hauswirtschaftsunterricht beitragen. Dies führte z. B. zu einem optimierten Management hinsichtlich der Lebensmittelbeschaffung und -lagerung.

Didaktische und methodische Konzeption

Die Arbeitsgeräte wurden in der in Norden benutzten Version der Rezepte nicht eingetragen, weil dies von den Kolleginnen der Hauswirtschaft sehr unterschiedlich gehandhabt wird. Vorbereitend zur Unterrichtspraxis werden hier die in der jeweiligen Küche verfügbaren und aus fachlicher Sicht notwendigen Gegenstände von den Schülern nach Anleitung der Lehrkraft eigenständig auf dem Rezeptblatt eingetragen.

Die Mengen in den Rezepten sind so bemessen, dass immer zwei Schüler in einer Koje der Lehrküche arbeiten und für sich eine Mahlzeit herstellen können. Das Probieren der einzelnen Gerichte untereinander ist dabei ausdrücklich erwünscht.

Die Gestaltung der Rezepte wurde so angelegt, dass Ungeübte sich schnell in einem Rezept zurechtfinden und ihr Hauptaugenmerk auf das Erlernen handwerklicher Fähigkeiten legen können. Ein Beispiel hierfür bietet ■ Abbildung 2.4.

Die fortgeschrittenen Schüler, z. B. im Wahlpflichtkurs der 10. Klasse, bedienen sich einer größeren Vielfalt von Rezepten. Diese haben dann bewusst unterschiedliche Formate, damit die Schüler im Umgang mit unterschiedlichen Rezeptvorgaben in verschiedenen Kochbüchern sicherer werden. Generell ist es hilfreich, wenn eine Schule für Lehreinheiten in der Lehrküche über einen Klassensatz einheitlichen schriftlichen Arbeitsmaterials verfügt. Das „Blaue Kochbuch" des örtlichen Energieversorgers steht ebenfalls als Klassensatz für den Hauswirtschaftsunterricht zur Verfügung. Für die Kollegen, die keine hauswirtschaftliche Ausbildung haben, dieses Fach aber trotzdem unterrichten, bietet dieses Kochbuch eine gute Grundlage für die Arbeit.

Gemüsereis

Zutaten	Arbeitsschritte	Arbeitsgeräte
1 – 2 EL Öl	erhitzen	
200 g Gehacktes	krümelig anbraten	
2 Zwiebeln, 1 rote Paprika, 1 grüne Paprika	würfeln, zum Fleisch geben und andünsten	
knapp ¼ l Wasser, 1 TL Brühe	hinzufügen, umrühren und aufkochen	
6 EL Langkornreis (Naturreis)	waschen, in die Pfanne geben und 20 Minuten quellen lassen (Stufe 2)	
2 Tomaten, 3 EL TK Erbsen	Tomaten waschen, würfeln nach 10 Minuten dazu geben	
Salz, Pfeffer	zum Abschmecken (wegen der Brühe, nur mit wenig Salz nachwürzen)	

Abb. 2.4: Rezept aus dem Hauswirtschaftsunterricht an der Hauptschule Norden (Klasse 7) (DieBesserEsser 2009).

„DieBesserEsser"

Das Projekt „DieBesserEsser" an der Hauptschule Norden ist ein von 2007 bis 2012 durchgeführtes Modellprojekt, das von der Rut- und Klaus-Bahlsen-Stiftung, Hannover, finanziert und in Kooperation mit dem niedersächsischen Kultusministerium durchgeführt wird (▸ Band 1, Kap. 1.4.5). Das Projektteam bearbeitet die vorgegebenen Bausteine und hat daraus verschiedene Aktionen entwickelt: Für den Hauswirtschaftsunterricht, die Schulverpflegung sowie Schülerfirma, Salatbar und die AG „Männersache" wurden Rezepte für den Einsatz an der Hauptschule Norden im Schulzentrum Wildbahn entwickelt bzw. modifiziert, erprobt und evaluiert. Hier und nachfolgend sind die jeweiligen Besonderheiten der Rezepte für die einzelnen Aktionen und praktische Erfahrungen des Projekts „DieBesserEsser" dargestellt.

1.2.8 Rezepte für eine Salatbar an der Hauptschule Norden

Hintergrund und Entstehung

Tischgäste in der Schulmensa finden es oft bereichernd, wenn sie neben einer warmen Mahlzeit auch noch Salate angeboten bekommen. Immer häufiger sorgen Schülerfirmen oder Arbeitsgemeinschaften (AGs) in Schulen für dieses Angebot.
Das Projekt „DieBesserEsser" entwickelte und wählte Rezepte für Salatsaucen und fertige Salate aus, die sich für eine Salatbar im Rahmen einer Schulverpflegung eignen. Bei der Auswahl der Rezepte wurde sehr viel Wert darauf gelegt, dass die Herstellung der Speisen am Vortag erfolgen kann. Dies ist vor allem dann von Bedeutung, wenn die Salate im Rahmen einer nachmittäglichen Arbeitsgemeinschaft hergestellt werden und eine Lagerung bis zur Ausgabe am nächsten Tag erfolgen muss. Vielfach stehen für die Speisenproduktion keine günstig gelegenen Unterrichtstunden am Vormittag zur Verfügung.
Sofern eine Vollküche in einer Schule zur Verfügung steht, hat dies den Vorteil, dass eventuell die Schulküche von den Schülern am Nachmittag genutzt werden kann, da vor- und nachher eine umfassende Reinigung (und ggf. Desinfektion) erfolgen kann. Sollte eine Salatbar im Rahmen einer Schul-Arbeitsgemeinschaft und/oder im Rahmen einer Schülerfirma betrieben werden, ist zu beachten, dass entsprechende Hygienevorschriften (Räumlichkeiten, Arbeits- und Betriebsmittel, Personal, Prozesse) einzuhalten sind. Sollte eine Lehrküche hierfür genutzt werden, sind frühzeitige und grundsätzliche Absprachen mit den entsprechenden Lehrkräften und ggf. der Überwachungsbehörde unerlässlich und es ist zu prüfen, inwieweit eine auf privathauswirtschaftliche Maßstäbe ausgerichtete Lehrküchenausstattung einer ggf. großküchenmäßig benötigten Menge genügen kann. Auch hierfür ist eine Zielsetzung (Salat als Beilage, zum Probieren, als komplettes Gericht) und Mengenkalkulation (Vorbestellung, Anmeldung, Kostenabrechnung) notwendig.

Didaktische und methodische Konzeption

Die Arbeit in der Schulküche erfordert eine sehr gründliche Einarbeitung der Schüler. Geräte, die bei unsachgemäßer Handhabung eine hohe Verletzungsgefahr darstellen, müssen erläutert

werden und dürfen unter Umständen (z. B. Schneidemaschinen) auch nur von ausgewählten Personen bedient werden. Bei der Planung der Schülerbeteiligung ist zudem zu beachten, dass reine – meist mechanische – Vorbereitungsarbeiten in dem erforderlichen Umfang für Schüler oft schnell langweilig werden und eine methodisch-didaktische Konzeption deshalb hier besonders wichtig ist. Alle Salate wurden, je nach Menge, in GV-Behälter oder Salatschüsseln gefüllt, die am nächsten Tag in die Salatbar gestellt werden konnten. Sie wurden mit Folie (direkt auf dem Produkt, ohne Luftschicht zwischen Produkt und Folie) abgedeckt und kühl gelagert. Am nächsten Tag mussten die Behälter dann lediglich noch abgedeckt, ggf. der Inhalt umgerührt und in die Salatbar gestellt werden. Außer diesen zubereiteten Salaten wurde die Salatbar mit Einzelkomponenten wie z. B. Mais, Tomatenstücken und/oder Blattsalaten bestückt.
Die Mengen der Rezepte sind so bemessen, dass fünf verschiedene Salate in der Salatbar für zehn Kinder als komplette Mahlzeit ausreichen. Jedes Rezept reicht für 5 Personen als Beilage. Das Format für die Rezepte wurde vom Projekt „DieBesserEsser" so entwickelt, dass sie quer in einen Karteikasten passen (■ Abbildung 2.5). Sind sie laminiert, können sie für die jeweilige Produktion entnommen und anschließend wieder einsortiert werden. Dies hat sich besonders bei oft knapp bemessenen Arbeitsflächen und der Arbeit mit mehreren Schülern bewährt.

Blumenkohl-Salat

Zutaten	**Arbeitsschritte**
Marinade: 3 EL Kräuteressig 3 EL Wasser 6 EL Öl Etwas Salz, Pfeffer, Zucker.	Erst Essig und Wasser mit Senf und Gewürzen vermischen. Unter ständigem Rühren das Öl langsam hinzugeben, so verbinden sich die Bestandteile.
2 Eier	Hart kochen, pellen, hacken und zur Marinade geben.
1 Blumenkohl	Waschen, in Röschen (mundgerechte Stücke) zerteilen, 1 Minute in kochendes Wasser geben (blanchieren), in Eiswasser abschrecken und gut abtropfen lassen.
½ Bund Frühlingslauch	Waschen, fein schneiden, zum Blumenkohl geben.
	½ Stunde vor dem Servieren die Marinade unterheben.

Abb. 2.5: Rezept der Salatbar in der Hauptschule Norden (DieBesserEsser 2009)

1.2.9 „Bauanleitungen“ für die Arbeitsgemeinschaft „Männersache“ an der Hauptschule Norden

Hintergrund und Entstehung

Wie der Name es schon vermuten lässt, sind die Rezepte dieses Projekts keine gewöhnlichen Rezepte für den Hauswirtschaftunterricht, sondern speziell auf junge Männer einer Arbeitsgemeinschaft (AG) an der Hauptschule Norden zugeschnitten. Bis die Arbeitsgemeinschaft „Männersache“ ins Leben gerufen wurde, gab es an der Hauptschule Norden nur Projekte speziell für Mädchen. Junge Männer als Zielgruppe dieser hauswirtschaftlich ausgerichteten Arbeitsgemeinschaft zu wählen, war auch angesichts des gesellschaftlichen Wandels hinsichtlich der steigenden Tendenz zu Einpersonen-Haushalten sinnvoll. Eine ernährungsphysiologisch ausgewogene und nachhaltige Verpflegung für sich selbst und gegebenenfalls für Gäste zu erstellen, ist eine wichtige Alltagskompetenz, über die immer weniger junge Frauen und Männer verfügen.
Eine freiwillige Koch-AG für männliche Schüler ist vor allem für den Sekundarbereich I geeignet. Eine regelmäßige Teilnahme hat sich dann als besonders erfolgreich herausgestellt, wenn als Anreiz im Rahmen einer solchen AG für besondere Anlässe gekocht wird (z. B. Schulfest, Lehrerkonferenzen etc.).

Didaktische Konzeption

An der Hauptschule Norden besteht diese AG seit 2009. Die Teilnehmer haben an der Schule das Image des Kochens verbessert: Kochen ist jetzt cool. In der AG werden Zutaten mit großen (professionellen) Messern auf großen Schneidebrettern vorbereitet und es wird bei der Zubereitung von Speisen auf eine professionelle Vorgehensweise geachtet. Der betreuende Koch (Mitglied des Projektteams „DieBesserEsser“ und Betreuer der AG) legt sehr viel Wert darauf, dass die Schüler einen flexiblen Umgang mit den Angaben in den Rezepten erlernen und in die Lage versetzt werden, selbstständig Rezepte entsprechend der zur Verfügung stehenden (saisonalen) Lebensmittel zu modifizieren und daraus eigene Kreationen zu entwickeln.
Auch die Wünsche der jungen Männer werden berücksichtigt: Wie bereitet man das Gericht aus der letzten Kochshow selbst zu? Wie bereitet man ein Schnitzel zu? Darüber hinaus lernen die Schüler, wie sie die richtige Menge an Kartoffeln, Reis oder Nudeln zur Stillung des eigenen Hungers ermitteln können. Zur Bestimmung einer angemessenen Fleischportion werden alte Familienrezepte nachgekocht. Anhand dieser Rezepte lernen die Schüler auch die Vor- und Nachteile von frischen oder tiefgekühlten Lebensmitteln und Konserven kennen sowie deren optimale Einsatzmöglichkeiten bei der Zubereitung von Speisen.
Die Tatsache, dass ein Koch die AG „Männersache“ leitet, hat sicher in hohem Maße zu dem Erfolg der AG beigetragen. Als Externer hat er einen ungezwungeneren Zugang zu den jungen Männern als eine Lehrkraft, die sich mit den Schülern auch in anderen Bereichen auseinandersetzt.

Methodische Konzeption

Die „Bauanleitungen“ sind – erstellt von der Schüler-Arbeitsgemeinschaft der Hauptschule Norden – komplett im Internet hinterlegt (www.diebesseresser.de) und sind nachfolgend nur an einem Beispiel dargestellt (■ Abbildung 2.6, übernächste Seite). Die Rezepte sind so ausgewählt, dass es möglich ist, die Speisen auf einer Seite jeweils an einem AG-Tag zuzubereiten. Einige Rezepte sind für Anfänger geeignet, andere eher für Fortgeschrittene. Die Bauanleitungen sind ferner so aufgebaut, dass das linke Drittel als Einkaufsliste dienen kann.

Die Rezepte sind für zwei, vier oder sechs Männer geschrieben. Ein Eintopf z. B. darf so reichlich bemessen sein, dass man den „Rest" abends noch einmal warmmachen kann. Das Projekt „DieBesserEsser" und die AG „Männersache" wünschen allen Gruppen, die diese Bauanleitungen verwenden, viel Spaß beim Nachkochen und Mut zum Verändern!

Abb. 2.6: Beispiel für eine Bauanleitung der AG „Männersache" der Hauptschule Norden (DieBesserEsser 2009)

1.2.10 Mensarezepte für die Pausenmahlzeiten an der Hauptschule Norden

Hintergrund und Entstehung

Das Projekt „DieBesserEsser" hat die Aufgabe, die Pausenmahlzeiten auf die Inhalte des Projekts im pädagogischen Bereich abzustimmen. Das bedeutete, dass die Inhalte der theoretischen Einheiten sich in den Angeboten zum gesunden Frühstück und den Zwischenmahlzeiten in der Mensa wiederfinden sollten. Basis hierfür waren die Qualitätsstandards für die Schulverpflegung der Deutschen Gesellschaft für Ernährung (DGE).

Didaktische und methodische Konzeption

Nicht immer waren die angebotenen Pausenmahlzeiten oder deren Bestandteile bei den Kindern bekannt (z. B. Ananas, Melone, Müsli-Quark-Hörnchen). Das Mensateam an der Hauptschule Norden bediente sich in solchen Fällen – in Absprache mit dem Projektteam „DieBesserEsser" – der Taktik des „Anfütterns": Kleine Portionen wurden zum Probieren angeboten. Besonders effektiv kann es sein, dieses Angebot den „besonders beliebten" Schülern zu machen. Der überwiegende Teil der neuen Angebote wurde nach wenigen Tagen vermehrt nachgefragt. Dies setzt voraus, dass das Mensapersonal bekannt ist und wiederum auch die Kinder kennt. Ständig wechseldem Personal wird es schwerer fallen, diese pädagogische Arbeit im Rahmen einer Ernährungsbildung an der Mensaausgabe zu leisten.
Um Preise möglichst günstig zu gestalten, ist es sehr wichtig die saisonalen Angebote zu berücksichtigen, da besonders Obst und Gemüse zur Erntezeit preisgünstiger sind (siehe z. B. aid-Saisonkalender). Vielfältige Rezepte unterstützen dabei das Ziel nachhaltiger Ernährungsbildung, dass Schüler aus einem regional und saisonal verfügbaren Lebensmittel verschiedene Gerichte zubereiten können. Schulen sollten zudem örtliche Lieferanten/Händler um Aufnahme bestimmter Angebote bitten, z. B. Apfelsaft und Mineralwasser statt fertiger Softdrinks.
Die Rezepte für Pausenmahlzeiten sind vom Mensateam an der Hauptschule Norden für die speziellen Bedürfnisse der Schüler an dieser Schule entwickelt worden. Zum Beispiel ist das Fladenbrot aus hellem Mehl ein Zugeständnis an Kinder mit Migrationshintergrund. Die reichliche Gemüsefüllung bietet hier einen ernährungsphysiologisch günstigen Ausgleich. Einen ähnlichen Hintergrund haben die sehr beliebten Wraps.
Da manche Pausenmahlzeiten sehr aufwendig in der Zubereitung sind, erprobt das Projektteam „DieBesserEsser" derzeit „Mottotage". Neben einem Grundsortiment werden an jedem Tag in der Woche verschiedene besondere Mahlzeiten angeboten, sodass das wöchentliche Angebot abwechslungsreich und ausgewogen gestaltet ist.

Deftige Rosenkohlpfannkuchen

Für 4 Personen benötigt man:

Für den Teig:

250 g	*Mehl, Typ 1050*
500 ml	*Milch*
4	*Eier*
	Salz, Pfeffer, Petersilie Schnittlauch Muskatnuss

Belag:

350 g	*Rosenkohl*
1	*Zwiebel*
50 ml	*Gemüsebrühe*
100 g	*Butterkäse, geraspelt*
2 EL	*Öl zum Braten*
1 EL	*Butter*

Bauanleitung

1. Das Mehl in eine Schüssel sieben.
2. Milch und Eier dazu geben und mit einem Schneebesen verrühren.
3. Mit Salz, Pfeffer, Muskat, Kräutern abschmecken und den Teig quellen lassen
4. Den Rosenkohl putzen(*Strunk abschneiden und jedes Röschen entblättern: die Blätter mit Hilfe eines kleinen Messers rundherum ablöse und vierteln.)*
5. Zwiebel schälen und in Würfel schneiden.
6. Butter in einen Pfanne geben und die Zwiebel und den Rosenkohl darin glasig andünsten
7. Mit Salz, Pfeffer und geriebener Muskatnuss würzen
8. Dann mit Brühe angießen und 5-7 Minuten schmoren lassen, bis die Brühe verkocht ist.
9. Rosenkohl aus der Pfanne nehmen und zur Seite stellen, Pfanne auswischen und wieder auf den Herd stellen.
10. Etwas Öl in die Pfanne geben und heiß werden lassen.
11. Nun ¼ des Pfannkuchenteiges in die Pfanne geben
12. In den noch flüssigen Teig ¼ des Rosenkohls verteilen und von beiden Seiten braten.
13. Dann mit Käse bestreuen auf einen feuerfesten Teller oder eine Auflaufform geben und bei ca.100 Grad im Backofen überbacken.
14. Die nächsten drei Pfannkuchen genau so machen!

Zu Rosenkohlpfannkuchen passt super ein Kräuterquark oder Frischkäse!

Mal etwas anderes?

Ohne Kräuter, Pfeffer und Muskatnuss könnt Ihr den Teig natürlich auch für süße Pfannkuchen, Apfelpfannkuchen usw. verwenden.

DieBesserEsser

Februar 2009

Abb. 2.6: Beispiel für eine Bauanleitung der AG „Männersache" der Hauptschule Norden (DieBesserEsser 2009)

Das Rezeptformat wurde vom Projekt „DieBesserEsser“ für die Pausenverpflegung an der Hauptschule in Norden im Querformat DIN A5 gewählt, um es als Karteikarte in einem Karteikasten aufbewahren zu können (■ Abbildung 2.7). Laminiert ist das Rezept für die Arbeit in der Küche zudem gut geschützt.

Müsli-Quark-Hörnchen (10 Portionen)

Zutaten	Arbeitsschritte
200 g Weizenmehl (Typ 1050) 200 g Weizenmehl (Typ 550) 1 Päckchen Backpulver 200 g Magerquark 100 ml Milch 100 g Früchtemüsli 100 g Rapsöl 80 g Zucker 1Prise Salz	Alle Zutaten gut verkneten. Teig ausrollen und in 10 gleichgroße Quadrate teilen.
50 g Margarine oder Butter	Zerlassen und die Teigstücke damit bestreichen.
50 g Früchtemüsli	Auf die Teichstücke verteilen, von einer Ecke aus die Quadrate aufrollen und zu Hörnchen biegen.
2 EL Milch 50 g Früchtemüsli	Hörnchen auf ein mit Backpapier belegtes Blech legen, mit Milch bestreichen und die Hörnchen mit dem restlichen Müsli bestreuen.
Im vorgeheizten Backofen bei 175°C in 15-20 Minuten goldbraun backen.	
Tipp: Die Hörnchen werden trocken, ohne Auflage, verzehrt.	

Abb. 2.7: Rezept aus der Pausenverpflegung in der Mensa der Hauptschule Norden (DieBesserEsser 2009)

1.2.11 Rezepte des Projekts „Nachhaltige Verpflegung: Handlungsorientiertes Modell für Grundschulen“

Hintergrund und Entstehung

Im Rahmen des Projekts „Nachhaltige Schulverpflegung: Handlungsorientiertes Modell für Grundschulen“ an der Hochschule Osnabrück (2008–2010, gefördert von der Deutschen Bundesstiftung Umwelt, DBU) wurde eine für die Schulverpflegung geeignete Rezeptsammlung erstellt. Die Rezepte sollten sowohl für die Mensa als auch für den ernährungs- und hauswirtschaftlichen Unterricht gleichermaßen geeignet sein. Ziel war es, Rezepte für den Unterricht zu finden, die die Kinder in der Mensa oder Cafeteria ihrer Schule wiederfinden können und die denselben Anspruch an Nähr- und Mineralstoffgehalt, Sensorik und Nachhaltigkeit aufweisen, wie sie es im Klassenverbund erfahren haben. Aus der Vielzahl der vorhandenen Rezepte war es schwer, eine Auswahl spezieller Kinderrezepte für die Schulverpflegung zu treffen. Deshalb wurde der Aufbereitung von Rezepturen für die Schulverpflegung und Beteiligungsmöglichkeiten von Kindern besondere Aufmerksamkeit gewidmet. Es wurden Kriterien zur Bewertung der Nachhaltigkeit von Gerichten und Rezepten für die Verpflegung in Grundschulen entwickelt und danach Rezepturen gesichtet, bewertet, erprobt und ggf. modifiziert.

Für die Rezepte im Rahmen des Projektes galten folgende Kritierien:

- ernährungsphysiologisch ausgewogen,
- nachhaltig,
- ressourcenschonend,
- kindgerecht bei der Zubereitung,
- unterschiedliche Zubereitungs- und Gartechniken,
- geschmackliche Variationen,
- saisonale Aufteilung mit entsprechend verfügbaren Lebensmitteln,
- Verwendung regionaler Lebensmittel,
- kindgerechte Speisen in Geschmack, Aussehen und Konsistenz,
- Lust auf neue Gerichte und Zutaten wecken,
- Raum zum Experimentieren schaffen,
- für die Schulverpflegung geeignet.

Daraus wurden im Rahmen des Projekts „Nachhaltigkeitskriterien“ formuliert und danach die Rezepte entsprechend gekennzeichnet (Abbildung 2.8, folgende Seite).

Bei der Erfüllung von mindestens acht von zehn Kriterien wird das Gericht als nachhaltig bezeichnet. Daraufhin wurde das umfangreiche Sortiment an Rezepten für die Schulverpflegung gesichtet und diejenigen Rezepte herausgesucht, die für die nachhaltige Grundschulverpflegung als geeignet befunden wurden.

Didaktische Konzeption

Um die Kriterien in der Praxis überprüfen zu können, wurden in der Küche des WABE-Zentrums zunächst einige Gerichte zubereitet. Dabei wurden die unterschiedlichen Ressourcen wie Wasser-, Gas- und Stromverbrauch gemessen und der Arbeitskräftebedarf ermittelt. Außerdem wurden der Organisationsablauf, die Zeit- und Temperaturangaben überprüft. Ggf. wurden Rezepte vereinfacht, um sie mit Kindern zubereiten zu können.

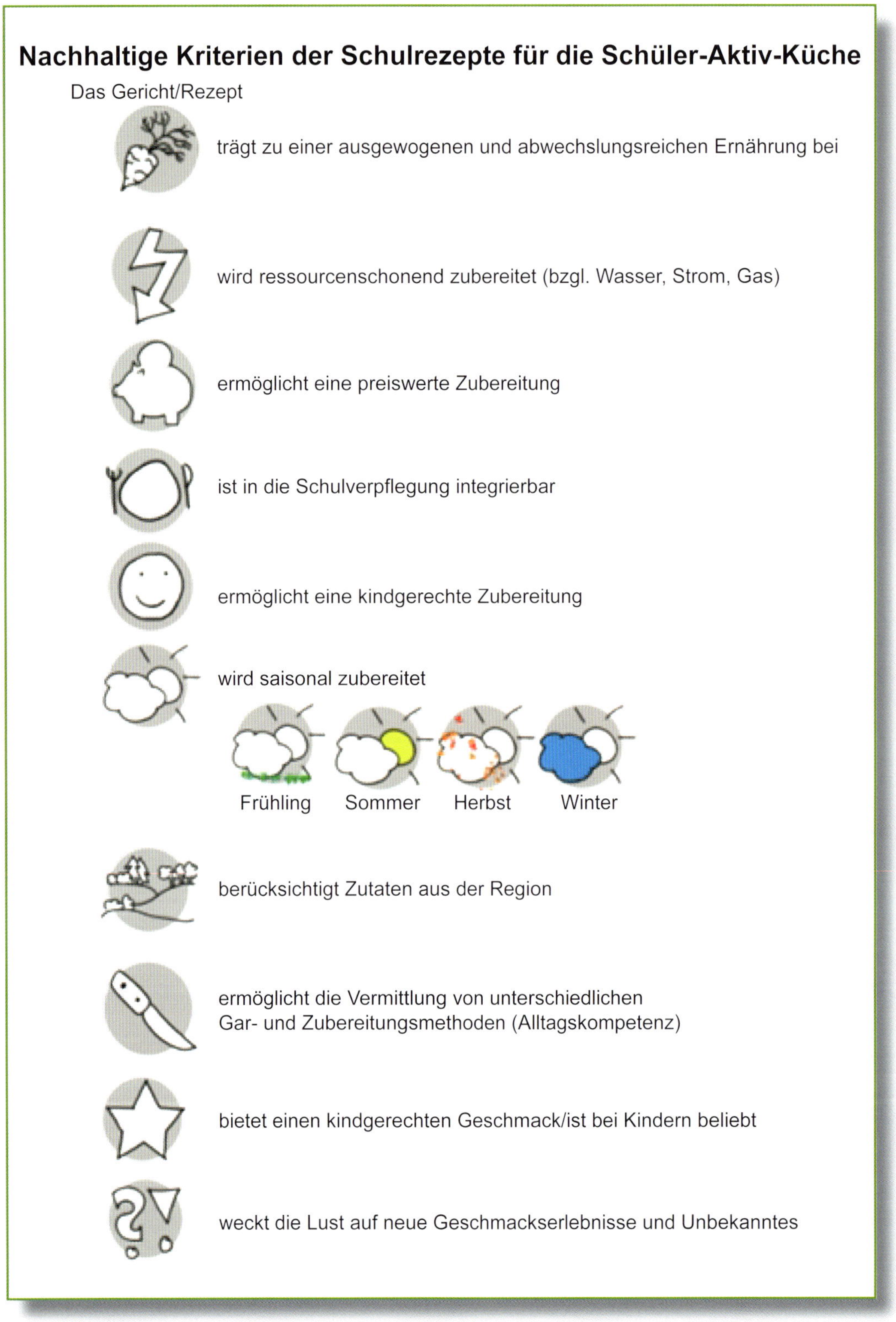

Abb. 2.8: Nachhaltigkeitskriterien für Rezepte (eigene Darstellung)

Vollkornbrötchen
(für 40 Stück = 20 Portionen)

Benötigte Gegenstände

1	Messbecher mit Milliliter-Angaben
1	große Schüssel
1	Küchenwaage
1	Küchenmaschine oder Handrührgerät mit Knethaken
1	Esslöffel
1	Geschirrtuch
1	Messer
1	Backofen
1	Backpapier

Benötigte Lebensmittel

1½ Würfel	Hefe
750 ml	handwarmes Wasser
1 Pr.	Zucker
400 g	Roggenvollkornmehl
800 g	Weizenvollkornmehl
4 EL	Öl (am besten Rapsöl)
2 EL	Salz
etwas	Mehl zum Bestäuben und Brötchen formen

Vollkornbrötchen
(für 40 Stück = 20 Portionen)

Zubereitung

750 ml	handwarmes Wasser	in die große Schüssel füllen.
1½ Würfel	Hefe	in das Wasser bröckeln. Mit dem Esslöffel verrühren bis sich die Hefe aufgelöst hat.
1 Pr.	Zucker	zugeben. 10 Minuten stehen lassen.
400 g	Roggenvollkornmehl	und
800 g	Weizenvollkornmehl	und auf der Küchewaage abwiegen. Nach den 10 Minuten, das Mehl zur aufgelösten Hefe dazugeben.
4 EL	Öl	und
2 EL	Salz	dazugeben. Mit dem Handrührgerät oder der Küchenmaschine zu einem Teig verarbeiten bis er nicht mehr am Rand der Schüssel klebt. Den Teig mit
etwas	Mehl	bestäuben und mit dem Geschirrtuch

abdecken. Die Schüssel mit dem Teig an einem warmen Ort 30 Minuten gehen lassen. Anschließend mit bemehlten Händen Brötchen formen. Die Brötchen mit einem Messer kreuzförmig einritzen und auf ein mit Backpapier ausgelegtes Backblech setzen und weitere 30 Minuten gehen lassen. Im Backofen bei 200° C ca. 15 – 20 Minuten backen. Die Brötchen vor dem Essen abkühlen lassen.

Abb. 2.9: Rezept aus dem Projekt „Nachhaltige Verpflegung in Grundschulen" (WABE-ZENTRUM 2009)

Darüber hinaus wurden die Rezepturen um jeweils eine Liste der konkret benötigten Gegenstände ergänzt, da ggf. unter Anleitung einer hauswirtschaftlich nicht versierten Lehrkraft und in einem Klassenraum gekocht werden sollte. Ziel war es, die Speisen möglichst selbstständig zu erarbeiten und zuzubereiten, der motorische und kognitive Lernerfolg ist dabei am größten, wenn Speisen in gewissem Abstand immer wieder zubereitet werden.

Methodische Konzeption

Die Rezepte dieses Projekts wurden im Postkartenformat gestaltet. In der Mitte des Blattes – an der gestrichelten Linie – kann die Kopie des Rezeptes geknickt werden. Auf der Vorderseite sind dann die benötigten Gegenstände und Lebensmittel aufgeführt. Auf der Rückseite wird die Zubereitung beschrieben (■ Abbildung 2.9, vorhergehende Seite). Die Rezepte sind für 20 mittlere Kinderportionen (gängige Klassengröße in der Praxis in Grundschulen) ausgelegt, damit die Umrechnung in andere Mengen leicht möglich ist.

Die Rezepte wurden so ausgewählt, dass benötigte Gegenstände und Küchengeräte auf das Nötigste beschränkt sind, denn Schulküchen sind häufig nur mit einer Grundausstattung versehen und wenn im Klassenzimmer gekocht wird, müssen Lehrkräfte die Gegenstände häufig selbst mitbringen. Bei der Zubereitung werden keine besonderen hauswirtschaftlichen Kenntnisse vorausgesetzt. Die Anleitungen sind einfach und die Arbeitsschritte sind so beschrieben, dass auch Grundschulkinder diese leicht verstehen können. Die vorgegebenen Rezepte können variiert werden, Gemüsesorten können beispielsweise häufig durch andere saisonale Gemüsesorten ersetzt werden.

Systematik

In ■ Tabelle 2.3 sind die Gerichte, die aus dem Projekt „Nachhaltige Verpflegung in Grundschulen“ für die vorliegende Rezeptsammlung übernommen wurden, mit einer Bewertung der in ■ Abbildung 2.8 dargestellten Nachhaltigkeitskriterien aufgeführt. Dies soll Schulen dazu anregen, die bei ihnen zubereiteten bzw. angebotenen Speisen unter Nachhaltigkeitskriterien ebenfalls zu reflektieren. Ein solcher Ansatz könnte eine Brücke zwischen Unterricht, Ernährungsbildung und Schulverpflegung bilden.

Rezept	Ausgewogene Ernährung	ressourcen-schonend	preiswert	Schul-verpflegung	kinderechte Zubereitung	saisonale Zutaten	regionale Zutaten	Alltags-kompetenz	bei Kindern beliebt	Geschmacks-erlebnis
Kürbissuppe mit Croûtons	●		●	●	●		●	●	●	●
Vollkornbrötchen mit Aufstrichen	●	●	●	●			●	●	●	●
Couscous-Salat	●	●	●	●	●		●	●		●
Pellkartoffeln mit Quark	●	●	●	●	●		●	●		●
Vollkorn-Lauch-Kuchen	●	●	●	●	●		●	●		●
Gemüse mit Reis	●		●	●	●	 Gemüse austauschbar	●	●	●	
Mini-Pizza	●		●	●	●		●	●	●	●
Vegetarische Köfte (bedingt geeignet)	●			●	●			●	●	●
Spaghetti mit Tomatensoße	●	●	●	●	●		●	●	●	
Möhren-Muffins			●	●	●		●	●	●	●
Waffeln mit Apfelmus			●	●	●		●	●	●	●
Fischspieß mit Tomaten	●		●	●	●		● (Gemüse)	●	●	
Milchmixgetränk	●	●	●	●	●	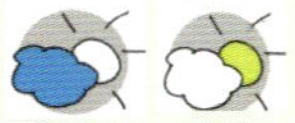 je nach Obstauswahl	(●) je nach Obst-auswahl	●	●	

Tab. 2.3: Tabellarische Übersicht der Rezepte des Projekts „Nachhaltige Verpflegung in Grundschulen“ (WABE-Zentrum 2009)

1.3 Einführung in den Rezeptteil

Im Rezeptteil sind aus den dokumentierten Projekten gut geeignete und erprobte Rezepte für die Nahrungszubereitung im Rahmen einer Ernährungsbildung im Klassenzimmer, in einer Lehrküche oder zur Schulverpflegung in einer Schulküche zusammengestellt. Sie werden ergänzt durch Rezepte aus einem Hannoveraner Projekt an Kitas und Grundschulen.

1.3.1 Gliederung des Rezeptteils

Die Gliederung richtet sich nach dem Schema, das in Kochbüchern für Privathaushalte und Betriebe üblich ist. Entsprechend beginnt die Menüfolge mit Vorspeisen, gefolgt von Hauptgerichten und abschließend den Nachspeisen und Getränken. Süße und salzige Snacks sind – da besonders geeignet für Pausenverpflegung – vorgeschaltet. Zudem werden die Hauptgerichte in folgende drei Kategorien unterteilt: Hauptgericht, vegetarisch; Hauptgericht mit Fisch; Hauptgericht mit Fleisch.
Aufgrund der unterschiedlichen religiösen Vorschriften außerhalb des Christentums wird in dieser Aufstellung auf Rezepte mit Schweinefleisch verzichtet. Hier muss jede Schule entsprechend ihrer Schülerschaft eine eigene Lösung entwickeln, die die unterschiedlichen Vorgaben zur Beschaffung, Lagerung, Zubereitung und zeitlich angemessenen Darreichung berücksichtigen. Idealerweise sollte dies im Rahmen eines „Runden Tisches" von möglichst allen Beteiligten einer integrativen Ernährungsbildung und Schulverpflegung an der Schule diskutiert werden. Rezepte von Schülern mit Migrationshintergrund können Speisenpläne ernährungsphysiologisch positiv ergänzen, das Interesse von Schülern generell wecken und die Akzeptanz von Ernährungsbildung und Schulverpflegung bei allen Schülern erhöhen.

1.3.2 Portionsangaben der Rezepte

Üblicherweise legen Rezeptsammlungen immer eine bestimmte Zielgruppe und Personenzahl zugrunde. Die nachfolgende Rezeptzusammenstellung beinhaltet unterschiedliche Anlässe (Ernährungsbildung, Schulverpflegung mit Pausen- und Mittagsverpflegung) und Zubereitungsorte (Klassenzimmer, Lehrküche, Schulküche), sowie verschiedene Zubereitungs- und Verzehrszeiten. Daraus resultieren uneinheitliche Portionszahlen, die deshalb stets extra angegeben sind. Deshalb ist es besonders wichtig, bei jedem nachfolgend dargestellten Rezept auf die Angabe der Portionen bzw. Mengen zu achten. Sie können von zwei Portionen (Partner- bzw. Gruppenarbeit in der Lehrküche) bis zu 20 Portionen (Mittagsverpflegung in der Schulküche) oder Mengen in Klassenstärke (Rezepte für 30 Portionen) reichen. Die Mengen- bzw. Portionsangaben variieren also entsprechend dem Ursprung und der Zielsetzung eines Rezeptes, sind aber durchweg bewusst anhand der Praxiserfahrungen ausgewählt. Beispielsweise bekommt man aus einem Fladenbrot erfahrungsgemäß 8 Portionen für eine Pausenmahlzeit, Muffinformen haben üblicherweise 12 oder 24 Vertiefungen. Aus Gründen der Nachhaltigkeit (▸ Band 1, Kapitel 3) und praktischen Erwägungen (Restevermeidung) sind solche Aspekte im Vorfeld zu überlegen.
Aus Gründen der Praktikabilität wurde für dieses Werk auch darauf verzichtet, Mengenangaben pro Portion den unterschiedlichen Altersstufen der Schüler oder geschlechtsspezifisch zu differenzieren. Auf die einschlägigen Veröffentlichungen und Empfehlungen der Deutschen Gesellschaft für Ernährung (www.dge.de) für Energiegehalte einzelner Rezepte wird hiermit ausdrücklich verwiesen. In der schulischen Praxis werden sie allerdings – mit Ausnahme des Fachunterrichts –

kaum eine Rolle spielen. Auch wird in diesem Werk nicht näher darauf eingegangen, wie bei einer Schulverpflegung entsprechend der Lebensmittelkennzeichnungsverordnung Speisenbestandteile ausgewiesen werden müssen.
Die den Rezepten beigefügten Portionsangaben sind Zirka-Werte. Sie können je nach verwendeten Betriebsmitteln (Genauigkeit von Waage, Messbecher), Geschicklichkeit der Schüler (Abfall beim Schälen), Zubereitungstechnik und -dauer sowie in Abhängigkeit verfügbarer Ausgangsprodukte variieren. Pädagogisch sinnvoll ist jedoch in jedem Fall eine dem Alter der Schüler angepasste Diskussion von Energiegehalt, Geschmack, Zusatzstoffen und Verpackung von Speisenbestandteilen. Die Umrechnung der erforderlichen Maße und Mengen für die Zubereitung der Rezepte in gewünschter Menge kann beispielsweise im Rahmen eines Projekts durch Schüler selbst erfolgen, sollte aber sicherheitshalber von der Lehrkraft kontrolliert werden. Ergänzt werden können Berechnungen durch eine Kostenübersicht, sodass ggf. Schüler auch erfahren, dass bei gleichzeitiger Zubereitung mehrerer Portionen die Einzelportion kostengünstiger ist. Ergänzend hierzu können Hinweise zu Lagerung und Resteverwertung vermittelt werden, was die Alltagskompetenz der Schüler für die eigene Haushaltsführung erweitert.

1.3.3 Speiseplan

Eine Speisenplanung wird in dieser Rezeptsammlung nicht hinterlegt, auch wenn für die einzelnen Bereiche meist gleich viele Rezepte ausgewählt wurden. Die Empfehlungen der Deutschen Gesellschaft für Ernährung (www.dge.de/Gemeinschaftsverpflegung/Qualitätsstandards Schulver pflegung) sind hier ebenfalls eindeutig und hilfreich. Allerdings werden dort keine Möglichkeiten der Selbstherstellung von Speisen durch Schüler thematisiert, der Fokus liegt ausschließlich auf Schulverpflegung. Da ein Anliegen dieses Werkes ist, Ernährungsbildung und Schulverpflegung zu verzahnen, werden nachfolgend Rezepte dargestellt, die in unterschiedlichem Kontext praktisch mit Schülerbeteiligung nachvollzogen werden können, weshalb der Aspekt der Speisenplanung hier nicht im Vordergrund steht.

1.3.4 Aufbau der Rezepte

Der Aufbau der Rezepte erfolgt durchweg nach dem gleichen Schema. Zunächst sind die Zutaten angegeben, dann die Zubereitungshinweise. Soweit es sinnvoll erschien, wurden die Lebensmittellisten ergänzt um Hinweise zu benötigten Arbeits- und Betriebsmitteln für die Zubereitung von Speisen im Klassenraum. Dies geschieht vor dem Hintergrund, dass gerade im ernährungspraktischen Bereich häufig fachfremde Lehrkräfte eingesetzt sind, die nicht immer über Kenntnisse der Nahrungszubereitung verfügen.
Zudem sollen diese Angaben helfen, bei einer praktischen Einheit im Klassenzimmer an alle benötigten Gegenstände zu denken, die üblicherweise von einer Lehrkraft nur für diesen Anlass aus eigenem oder schulischem Fundus zur Verfügung gestellt werden. Eventuell können auch Schüler gebeten werden, entsprechende Gegenstände (Schneidebrett, Messer, Schürze etc.) mitzubringen, wofür die in den Rezepten integrierten Listen mit konkret beschriebenen Gegenständen ebenfalls hilfreich sein können. Auch macht eine solche Liste den mehr oder weniger großen Aufwand einer Zubereitung von Speisen im Vorfeld deutlich.
Bei der Erstellung der Anleitungen zur Nahrungszubereitung wurde auf eine möglichst einfache und gut verständliche Sprache geachtet, um möglichst alle Schüler der unterschiedlichen Altersgruppen und Schultypen anzusprechen. So können die Schüler die Rezepte möglichst selbst-

ständig lesen, verstehen und bearbeiten. Der einheitliche Aufbau aller nachfolgenden Rezepte soll eine schnelle Orientierung ermöglichen. Grundsätzlich ist es aber sinnvoll, mit Schülern auch nach anderen Arten und formalen Gestaltungen von Rezepten zu kochen, um die spätere eigene Handlungskompetenz zu erweitern.

Die Autorinnen bedanken sich bei all denjenigen, die die Rezepte zur Verfügung gestellt, in unterschiedlichem Zusammenhang erprobt und optimiert haben. Sie hoffen, dass in der schulischen Praxis positive Erfahrungen mit diesen Rezepten gemacht und von Schülern die Gerichte gern zubereitet und verzehrt werden!

1.3.5 Zu den tabellarischen Übersichten über die Rezepte

Zwei Tabellen am Anfang des Rezeptteils geben einen Überblick über die Rezepte. In der ersten Tabelle sind die Rezepte analog zu einer Menüfolge in folgende neun Spalten angeordnet:

- Snack, herzhaft
- Snack, süß
- Salat
- Suppe
- Hauptgericht, vegetarisch
- Hauptgericht mit Fisch
- Hauptgericht mit Fleisch
- Dessert
- Getränke und Mixgetränke

In dieser Tabelle werden zu jedem einzelnen Rezept folgende Angaben gemacht:

- Name des Rezepts,
- Angabe zu den Portionsmengen,
- Angabe zum erprobten und möglichen Zubereitungsort.

Entsprechend lautet die Angabe beispielsweise für einen süßen Snack: Obstspieße, 30 Portionen, Klassenraum. Als Zubereitungsort ist hier ein Klassenraum ebenso möglich wie eine Lehr- oder Schulküche. Rezepte für eine Lehr- oder Schulküche können dagegen nicht ohne Weiteres in einem Klassenraum zubereitet werden. Einige Gerichte sind für eine Zubereitung im Klassenraum ungeeignet, weil sie mit einem zu hohen Zubereitungsaufwand oder sehr geruchsintensiven Zubereitungsschritten (z. B. Braten, Zwiebeln dünsten, Fisch garen) verbunden sind. Es gibt aber sehr viele Gerichte, die in einem Klassenraum herstellbar sind, die über die üblichen Obstspieße oder Fruchtquarkspeisen hinausgehen.
Mit Hilfe der Tabelle können schnell Rezepte für eine praktische Speisenzubereitung passend für eine bestimmte Personenzahl (z. B. Gruppenarbeit in der Lehrküche oder Mittagsverpflegung in der Schulküche) oder einen zur Verfügung stehenden Zubereitungsort (Klassenzimmer, Lehrküche, Schulküche) gefunden werden. Gegebenenfalls muss das Basisrezept auf die Schülerzahl umgerechnet werden, für die das Gericht zubereitet werden soll.
Die Rezepte sind in den Rubriken nach der bisherigen Erfahrung und ihren wesentlichen Bestandteilen einsortiert. Selbstverständlich können aber beispielsweise Desserts oder Milchshakes auch als süße Snacks genutzt werden. Die Reihenfolge der Rezepte in den einzelnen Spalten soll eine schnelle Orientierung weiter unterstützen und eine Anlehnung an die ernährungsphysiolo-

gischen Empfehlungen der Deutschen Gesellschaft für Ernährung verdeutlichen. Die Rezepte sind wie folgt gegliedert:

- Snacks: Hier steht der Nährwert an erster Stelle, deshalb sind hier die Rezepte mit hohem Kohlenhydratanteil zuerst aufgeführt
- Suppen: Zunächst sind die Rezepte mit Gemüse aufgelistet. Daran anschließend finden sich Suppen mit einem höheren Kohlenhydratanteil.
- Salate: Die Auflistung beginnt mit Rezepten für Blattsalate, gefolgt von Rohkostsalaten und schließlich Salaten mit gekochten Komponenten.
- Vegetarische Hauptgerichte: Hier erfolgt die Sortierung nach den wesentlichen Beilagen (Reis, Kartoffeln).
- Hauptgerichte mit Fisch: Hier wurde die Reihenfolge durch die Portionsgröße bestimmt.
- Hauptgerichte mit Fleisch: Zunächst finden sich Gerichte, die Geflügelfleisch enthalten. Danach folgen Gerichte mit Rinderhack.
- Dessert: Speisen mit einem hohen Obstanteil stehen hier ganz oben. Der Obstanteil wird in den folgenden Speisen dann immer geringer.
- Getränke und Mixgetränke: Hier findet sich Obstsaft gefolgt von Mixgetränken aus Obst und Milchprodukten und zum Schluss Obst und Wasser.

Um für die schulische Praxis eine schnelle Orientierung zu gewährleisten, werden die Rezepte in der zweiten Tabelle noch einmal nach dem erprobten und empfohlenen Zubereitungsort (Klassenraum, Lehrküche, Schulküche) sortiert dargestellt. Es wird deutlich, dass sich im Rahmen einer praxisorientierten Ernährungsbildung viele Rezepte auch im Klassenraum zubereiten lassen. Dafür stehen in diesen Rezepten Auflistungen benötigter Gegenstände zur Verfügung. Die Übersicht notwendiger Arbeits- und Betriebsmittel soll den Lehrkräften die Planung und Durchführung in einem Klassenraum erleichtern, der für eine praktische Nahrungszubereitung nicht ausgestattet ist. Sind mehr Schüler an der Zubereitung der Speisen beteiligt oder sind die Portionsmengen größer als in den Rezepten angegeben, muss die Anzahl und ggf. auch die Größe der benötigten Gegenstände entsprechend angepasst werden.

Für einige Rezepte, die für eine Zubereitung im Klassenraum ausgewiesen sind, wird ein Backofen benötigt. Hier muss gegebenenfalls auf ein mobiles Gerät oder den Backofen im Lehrerzimmer (falls vorhanden) zurückgegriffen werden. Die Übersicht beschränkt sich zudem auf alle Gegenstände, die direkt für die Vor- und Zubereitung der Speisen notwendig sind. Nicht angegeben sind Dinge, die Nebentätigkeiten der Nahrungszubereitung (z. B. Reinigen) und den Verzehr betreffen, aber für Praxiseinheiten der Ernährungsbildung von den Lehrkräften gegebenenfalls in Rücksprache mit Hausmeistern, Kollegium oder/und Schulleitung organisiert werden müssen:

- Steckdose und Verlängerungskabel, sofern elektrische Geräte einzusetzen sind
- Topflappen zum Anfassen heißer Töpfe und Pfannen
- Geschirrtücher, Spültücher, Spülmittel, Wassereimer, Abtropfgitter
- Abfallbehälter (Reste der Vorbereitung, Speisenreste). Eventuell sind getrennte Behältnisse für kompostierbare Reste, Wertstoffe (z. B. Verpackungsmaterialien) und Restmüll vorzusehen
- Teller, Gläser, Besteck zum Verzehr
- Probierlöffel etc.

Rezepte, die in einem Klassenraum zubereitet werden können, enthalten für Zutaten wie z. B. „Öl" keine exakten Produktangaben. Da bei der Zubereitung der Speisen nur geringe Mengen dieser Zutat benötigt werden, ist die Wahl der Ölsorte für den Geschmack und den ernährungsphysiologischen Wert des Gerichtes nicht ausschlaggebend.

Die in den Rezepten verwendeten Abkürzungen:

g	Gramm	**kg**	Kilogramm
ml	Milliliter	**l**	Liter
TL	Teelöffel	**EL**	Esslöffel

Quellen

aid (Hrsg): So macht Essen Spaß. Teil 1. Broschüre. aid, Bonn (2004)

aid, Deutsche Gesellschaft für Ernährung (DGE) (Hrsg): Essen und Trinken in Schulen. aid, Bonn (2003)

Alexy U, Clausen K, Kersting M (2008): Die Ernährung gesunder Kinder und Jugendlicher nach dem Konzept der Optimierten Mischkost. Ernährungs Umschau 55: 168–177

Bauer R: Lernen an Stationen weiterentwickeln. Wege zur Differenzierung und zum individuellen Lernen. Cornelsen Verlag, Berlin (2009)

Cartney Mc L: Linda´s Rezepte. Club Premiere, Rheda-Wiedenbrück (1998)

Deppendorf B, Ginser R, Leicht-Eckardt E (2009): Verpflegung und Küchenplanung für (Grund)schulen. Haushalt und Bildung 86 (3): 58–64

Deutsche Gesellschaft für Ernährung (DGE) (Hrsg): Qualitätsstandards für die Schulverpflegung. Bonn (2009)

Deutsche Gesellschaft für Ernährung (DGE): Ernährungsbericht 2008. Bonn (2008)

DIEBESSERESSER: Rezepte. Norden (2009)

Engel H, Kürschner I: Outdoor – Essbare Wildpflanzen. Conrad Stein Verlag, Welver (2000)

Fleischhauer S: Bedeutung von Wildpflanzen heute und in der Vergessenheit. URL: www.essbare-wildpflanzen.de/essbareWildpflanzen-18.html Zugriff: 31.01.2009

Heilpflanzen-Welt: URL: www.heilpflanzen-welt.de/natuerlich/rezepte/200710-Brombeerkompott.htm Zugriff: 09.04.2009

Hoop K, Leicht-Eckardt E (2009): Fachräume für Hauswirtschaft am Beispiel einer Grundschul-Lehrküche. Hauswirtschaft und Wissenschaft (3): 132–136

Johannsen U, Heindl I, Brüggemannn I (2008): Die aid-Ernährungspyramide für Kinder. Ernährung im Fokus 8 (2): 46–52

Leicht-Eckardt E (2010): Planung und Organisation von Schulverpflegung. Bedingungen eines erfolgreichen Verpflegungsangebots. Ernährungs Umschau 57 (1): 26–32

Pütz J, Norten E: Joghurt, Quark & Käse. vgs Egmont, Köln (1998)

Rützler H: Kinder lernen essen. Strategien gegen das Zuviel. Krenn, Wien (2007)

Soretz F (Hrsg): Iss dich fit! Das Kochbuch. Hannover (2007)

Soretz F: Das schmeckt! Das Kochbuch zum Projekt „Iss Dich fit!" Madsack, Hannover (2011)

WABE-Zentrum: Rezepte. Wallenhorst (2009)

Die Rezepte

Klassenraum	Lehrküche	Schulküche
Apfel-Käse-Brötchen 20 Portionen	Mini-Pizza 20 Portionen	Schnelles Vollkornbrot 20 Portionen
Apfel-Zwiebel-Brötchen 16 Portionen	Stutenkerle 2 Portionen	Fladenbrot 8 Portionen
Brotspieße mit Gemüse 20 Portionen	Quark-Apfel-Häufchen 10 Portionen	Zebrabrot 10 Portionen
Pizzabrötchen mit Zucchini 20-25 Portionen	Sommerlicher Blattsalat mit gebratenen Hähnchenbruststreifen 4 Portionen	Salami-Sandwich 10 Portionen
Gurkenschlangen 15 Portionen	Kürbissuppe 20 Portionen	Wraps 10 Portionen
Radieschenmäuse 10 Portionen	Kürbissuppe mit Croutons 4 Portionen	Quark-Öl-Teig-Brötchen 10 Portionen
Müslibuffet 20 Portionen	Karottensuppe 20 Portionen	Müsli-Quark-Hörnchen 10 Portionen
Vollkornbrötchen 20 Portionen	Lauchcremesuppe 4 Portionen	Buttermilch-Muffins 24 Portionen
Schokocreme 20 Portionen	Gemüsesuppe 4 Portionen	Vinaigrette für Blattsalate 5 Portionen
Hasenbutter 20 Portionen	Graupensuppe 2 Portionen	Eisbergsalat mit Joghurt-Dressing 10 Portion
Möhren-Muffins 24 Portionen	Haferklößchensuppe 20 Portionen	Chinakohl-Salat 10 Portionen
Apfelkekse 10 Portionen	Ratatouille 4 Portionen	Gurken-Salat 5 Portionen
Apfelchips 10 Portionen	Gemüsepfanne mit Tomatenreis 20 Portionen	Paprika-Tomaten-Salat 5 Portionen
Obstspieße 30 Portionen	Vegetarische Köfte mit gedünsteten Tomaten und Dip 20 Portionen	Blumenkohl-Salat 5 Portionen
Möhren-Apfel-Salat 20 Portionen	Spaghetti mit Tomatensoße und Salat 20 Portionen	Kohlrabi-Salat 5 Portionen
Bunter Kartoffelsalat 20 Portionen	Spinat-Tomaten-Lasagne 4 Portionen	Rotkohl-Apfel-Salat 10 Portionen
Couscous-Salat 20 Portionen	Spargelragout 2 Portionen	Sellerie-Apfel-Salat 5 Portionen
Apfel-Kartoffelsuppe 20 Portionen	Reibekuchen 2 Portionen	Apfel-Möhren-Rohkost mit Zitrone 10 Portionen
Mischpilz-Brennnessel-Risotto 10 Portionen	Vollkorn-Lauch-Kuchen 20 Portionen	Vanille-Quarkspeise 10 Portionen
Pellkartoffeln mit Quark 20 Portionen	Deftige Rosenkohlpfannkuchen 4 Portionen	
Kartoffelpizza 6 Portionen	Spitzwegerich-Gemüse-Eintopf 10 Portionen	
	Apfelpfannkuchen (Vollkorn) 2 Portionen	

Klassenraum	Lehrküche	Schulküche
Erdbeer-Dessert „Leuchtturm“ 20 Portionen	Seelachsspieß mit Tomatenreis 20 Portionen	
Brombeerkompott 10 Portionen	Nudelauflauf mit Seelachsstücken, Möhren und Brokkoli 20 Portionen	
Obstspieße mit Joghurt 20 Portionen	Lachslasagne mit Gemüse 10 Portionen	
Frischer Obstsalat mit Vanillesoße 10 Portionen	Helgoländer Rotbarschschnitten 10 Portionen	
Joghurt mit Walderdbeeren und Wasserminze 10 Portionen	Fischgulasch 4 Portionen	
Milchreis mit Beeren 20 Portionen	Fischburger 4 Portionen	
Erdbeer-Muffins 24 Portionen	Zitronenrisotto mit gebratener Putenbrust und Brokkoli 2 Portionen	
Süße Kartoffelklöße mit Zimtzucker 4 Portionen	Puten-Wraps mit Ananas 4 Portionen	
Waffeln 20 Portionen	Tagliatelle mit Zucchini, gebratener Hähnchenbrust und Rucola 2 Portionen	
Lieblingscocktail des Projektes „Obst und Gemüse im Schulalltag“ 20 Portionen	Spitzkohl–Möhren-Gemüse in Meerrettichsahne (Eintopf) 4 Portionen	
Milchmixgetränk 20 Portionen	Reispfanne 2 Portionen	
Milchshake mit Himbeeren 2 Portionen	Spaghetti Bolognese 2 Portionen	
Brombeer-Erfrischungsshake 10 Portionen	Gefüllte Paprikaschoten 2 Portionen	
Pflaumen-Joghurt-Drink 4 Portionen	Schnelle Nudelpfanne 2 Portionen	
Apfel-Buttermilch 4 Portionen	Hamburger mit Frischkäsedip 20 Portionen	
Caribbean sunny 5 Portionen	Kaiserschmarrn 2 Portionen	
Fruchtmolke 4 Portionen		
Heidelbeer-Soja-Shake 4 Portionen		
Fresh-Lemon-Soda 10 Portionen		
Limetten-Minz-Tee mit Ingwer 4 Portionen		
Kinderbowle 8 Portionen		

Schnelles Vollkornbrot

Für 20 Portionen

Zutaten

500 ml	warmes Wasser
1 Würfel	frische Hefe
2 TL	Honig
675 g	Vollkornmehl
2 TL	Salz
150 g	Sonnenblumenkerne
1 Handvoll	Sesamsamen

Zubereitung

1. Wasser, Hefe und Honig in einer Rührschüssel verrühren.
2. Mehl und Salz dazu geben und ca. 5 bis 10 Minuten kneten.
3. Den Teig 30 Minuten gehen lassen.
4. Die Sonnenblumenkerne untermischen und nochmals kurz durchkneten.
5. Den Teig in eine mit Backpapier ausgelegte Kastenform füllen.
   Mit warmem Wasser benetzen und die Teigoberfläche glatt streichen.
6. Die Sesamsamen darüber streuen und leicht andrücken.
7. Die Form in den kalten Backofen auf mittlere Schiene stellen
   und bei ca. 200 Grad Ober- und Unterhitze etwa 60 Minuten backen.
8. Das Brot ist fertig, wenn es hohl klingt.
   Den Ofen ausstellen und das Brot nach 10 Minuten aus der Form nehmen und abkühlen lassen.

Projekt: **DieBesserEsser Norden**

Fladenbrot

Für 8 Portionen

Zutaten

- 1 Fladenbrot
- 1 kleiner Kopf Salat
- 4 Tomaten
- 1 kleine Salatgurke
- 1 Zwiebel
- 200 g Kräuterquark oder Tzatziki
- Salz
- Pfeffer

Zubereitung

1. Das Fladenbrot bei 200 Grad Umluft 5 Minuten aufbacken.
2. Salat waschen und in kleinere Stücke zerteilen.
3. Die Tomaten und die Gurke waschen und in Würfel schneiden.
4. Die Zwiebel schälen, halbieren und in dünne Halbmonde schneiden, mit dem gewürfelten Gemüse mischen, mit Salz und Pfeffer würzen.
5. Das Fladenbrot in 8 „Tortenstücke“ schneiden. Jedes „Tortenstück“ so einschneiden, dass eine „Tasche“ entsteht. Diese dann mit den Salatblättern, dem Gemüse und dem Kräuterquark füllen.

Besonders lecker wird das Fladenbrot, wenn man es noch mit einigen Stücken Fetakäse und Olivenringen füllt!

Projekt: **DieBesserEsser Norden**

Zebrabrot

Für 10 Portionen

Zutaten

15 Scheiben	Vollkornbrot oder Schwarzbrot
100 g	Butter oder Margarine
10 Scheiben	Käse

Zubereitung

1. Die Brotscheiben auf der Arbeitsfläche ausbreiten.
2. Die Brotscheiben mit Butter oder Margarine bestreichen.
3. 10 Brotscheiben mit Käse belegen.
4. 5 Stapel bilden, indem 2 Brotscheiben mit Käse übereinander gelegt werden (Brot-Käse-Brot-Käse).
   Anschließend auf jeden Stapel eine der restlichen Brotscheiben legen (mit der bestrichenen Seite nach unten) und leicht andrücken.
5. Alle Brot-Käse-Stapel diagonal durchschneiden.

Etwas würziger wird das Zebrabrot, wenn man ein wenig fein geschnittenen Schnittlauch oder ein wenig Kresse auf den Käse gibt.

Projekt: **DieBesserEsser Norden**

Salami-Sandwich

Für 10 Portionen

Zutaten

15 Scheiben	Vollkorntoast
150 g	Frischkäse
1	Eisbergsalat
5 Scheiben	Salami
10	Gurkenscheiben
10	Tomatenscheiben

Zubereitung

1. Die Brotscheiben toasten und auf der Arbeitsfläche ausbreiten.
2. Alle Toastscheiben mit Frischkäse bestreichen.
3. Den Eisbergsalat waschen, gut abtropfen lassen und in Blätter teilen.
4. 10 Toastscheiben mit dem Eisbergsalat belegen.
5. Je eine Scheibe Salami auf 5 Toastscheiben mit Eisbergsalat legen.
6. 5 Stapel bilden, indem 1 Brotscheibe mit Frischkäse, Eisbergsalat, Salami und 1 Scheibe mit Frischkäse und Eisbergsalat übereinander gelegt werden (Brot-Auflage-Brot-Auflage). Die oberste Auflage mit jeweils mit 2 Gurken- und 2 Tomatenscheiben belegen.
7. Anschließend auf jeden Stapel eine der restlichen Brotscheiben legen (mit der bestrichenen Seite nach unten) und leicht andrücken.
8. Alle Brot-Stapel diagonal durchschneiden.

Projekt: **DieBesserEsser Norden**

Apfel-Käse-Brötchen

Für 20 Portionen

Zutaten

1	großer Apfel
500 g	Quark
600 g	Mehl
180 ml	Öl
200 ml	Milch
2 Päckchen	Backpulver
2 EL	Zucker
1 TL	Salz
200 g	geriebener Käse
½ Bund	Schnittlauch

Arbeitsmaterialien

	Backofen (Heißluft)
	Backblech mit Backpapier
	Schneidebrett
	Schäl-/Gemüsemesser
	Küchenwaage
1	Apfelausstecher
1	Litermaß (½ l)
1	Kastenreibe
2	Schüsseln
1	Esslöffel
1	Teelöffel

Zubereitung

1. Den Apfel waschen, mit dem Apfelausstecher vom Kerngehäuse befreien und mit einer Kastenreibe in eine Schüssel grob raspeln und beiseite stellen.
2. Den Schnittlauch waschen, abtropfen lassen und in feine Ringe schneiden.
3. Die restlichen Zutaten miteinander in einer Schüssel vermengen.
4. Den feingeschnittenen Schnittlauch und den geriebenen Apfel unterheben und alles zu einem glatten Teig vermengen.
5. Aus dem Teig 20 Brötchen formen, auf das Backpapier setzen und im Backofen bei Heißluft 180 Grad 20 Minuten backen.

Apfel-Zwiebel-Brötchen

Für 16 Portionen

Zutaten

450 g	Mehl
½ Päckchen	Trockenhefe
250 ml	lauwarmes Wasser
3 EL	Öl
½ TL	Salz
2	Zwiebeln
2	kleine Äpfel
1	großer Apfel
20 g	Sonnenblumenkerne

Arbeitsmaterialien

	Backofen (Heißluft)
	Backblech mit Backpapier
1	Kochplatte
1	Pfanne
1	Pfannenwender
	Küchenwaage
1	Apfelausstecher
2	Schüsseln
1	Kastenreibe
1	Litermaß (½ l)
1	Esslöffel
1	Teelöffel
	Schneidebrett
	Schäl-/Gemüsemesser

Zubereitung

1. Das Mehl und die Trockenhefe in eine Schüssel geben und mischen.
2. Das lauwarme Wasser untermischen.
3. 2 EL Öl und Salz hinzufügen und so lange kneten bis der Teig nicht mehr klebt. Den Teig 30 Minuten ruhen lassen.
4. Die Zwiebeln schälen und klein würfeln. Restliches Öl in einer Pfanne erwärmen, die Zwiebeln zugeben und hellbraun rösten.

5. Die beiden kleinen Äpfel waschen, schälen, mit einem Apfelausstecher vom Kerngehäuse befreien und mit einer Kastenreibe in eine Schüssel grob raspeln. Die Zwiebelmischung und die geriebenen Äpfel unter den Teig kneten. Aus dem Teig mit bemehlten Händen 16 runde Brötchen formen und auf das Blech setzen.
6. Den großen Apfel waschen, schälen, mit dem Apfelausstecher vom Kerngehäuse befreien und in Scheiben schneiden. Die großen Scheiben halbieren. Auf jedes Brötchen einen Apfelring drücken.
7. Die Brötchen mit Sonnenblumenkernen bestreuen.
8. Im Backofen bei Heißluft 180 Grad etwa 20 Minuten backen.

Projekt: **Obst und Gemüse im Schulalltag**

Brotspieße mit Gemüse

Für 20 Portionen

Zutaten

10 Scheiben	Vollkornbrot (rechteckig oder quadratisch)
150 g	Frischkäse
1	Salatgurke
2	rote Paprika
2	gelbe Paprika
1	Kohlrabi
5	Möhren
2 Bund	Radieschen
400 g	Käse am Stück

Arbeitsmaterialien

	Streichmesser
1	großer Teller
	Schneidebrett
	Schäl-/Gemüsemesser
	Sparschäler
6	Schüsseln und Platten oder Teller zum Anrichten
20	Schaschlikspieße

Zubereitung

1. 5 Scheiben Vollkornbrot mit Frischkäse bestreichen und die restlichen Brotscheiben darauf legen.
2. Die Brote in ca. 2,5 × 2,5 cm große Würfel schneiden. Die Würfel auf einen Teller legen.
3. Die Salatgurke waschen, mit dem Sparschäler schälen und zunächst in ca. 1,5 cm dicke Scheiben schneiden, dann je nach Größe halbieren oder vierteln. Die Gurkenstücke in eine Schüssel füllen.
4. Die Paprika waschen, putzen und in walnussgroße Stücke schneiden.
   Die Paprikawürfel in eine Schüssel geben.
5. Kohlrabi schälen. Zunächst in 1,5 cm dicke Scheiben schneiden.
   Dann die Scheiben vierteln evtl. dann noch einmal teilen. Die Kohlrabiwürfel in eine Schüssel geben.
6. Möhren mit dem Sparschäler schälen und in Scheiben schneiden.
   Die Scheiben in eine Schüssel geben.
7. Radieschen waschen und putzen. Große Radieschen halbieren und in eine Schüssel geben.
8. Die Rinde von dem Käse entfernen und Käse in Würfel schneiden.
   Die Käsewürfel in eine Schüssel geben.
9. Alle Schüsseln und den Teller mit den Brotwürfeln bereitstellen.
   Die Brotwürfel abwechselnd mit dem Gemüse und den Käsewürfeln auf Schaschlikspieße stecken.
   Alle Spieße anrichten.

   Alternativ von jedem Kind seinen eigenen Spieß herstellen lassen.

Pizzabrötchen mit Zucchini

Für 20–25 Portionen (8 Portionen)

Zutaten

600 g	Mehl	(200g)
500 g	Quark	(160g)
240 ml	Milch	(80mL)
120 ml	Öl	(40ml)
2 EL	Zucker	1EL
2 Päckchen	Backpulver	5g
1 TL	Salz	1 Pr.
2 TL	gehackte Kräuter	2 Msp
100 g	Zucchini	30g
150 g	geriebener Käse	50g

Arbeitsmaterialien

	Backofen (Heißluft)
	Backblech mit Backpapier
	Küchenwaage
	Schneidebrett
	Schäl-/Gemüsemesser
2	Schüsseln
1	Kastenreibe
2	Teelöffel
1	Esslöffel
1	Litermaß (½ l)

Zubereitung

1. Das Mehl mit Quark, Milch, Öl, Zucker, Backpulver und Salz in eine Schüssel geben und miteinander verkneten.
2. Die Zucchini mit einer Kastenreibe in eine Schüssel fein reiben. Anschließend die Zucchini ausdrücken und in den Teig einkneten.
3. Die gehackten Kräuter und den geriebenen Käse unterkneten.
4. Den Teig zu einer 5 cm dicken Rolle formen und in 20 bis 25 Teile schneiden. Die Teigstücke zu Brötchen formen und auf ein mit Backpapier ausgelegtes Backblech legen. Im Backofen bei Heißluft 180 Grad ca. 30 Minuten backen.

Mini-Pizza

Für 20 Portionen

Zutaten

2 Würfel	Hefe
750 ml	warmes Wasser
1,5 kg	Dinkel
2 TL	Salz
2 EL	Öl
1 kg	passierte Tomaten (Päckchen, Dose)
	Oregano, Basilikum, Pfeffer
600 g	Mozzarella
1 kg	Gemüse (nach Saison, z. B. Brokkoli, Bohnen, Champignons, Zucchini)

Zubereitung *

Für den Teig

1. Dinkel in der Getreidemühle fein mahlen.
2. Hefe in warmem Wasser auflösen.
3. Salz und das Dinkelmehl sowie Öl in die Schüssel der Küchenmaschine geben. Die aufgelöste Hefe dazugeben und mit den Knethaken zu einem Teig verarbeiten. Anschließend den Teig an einem warmen Ort 30 Minuten gehen lassen.

Für die Tomatensoße

4. passierte Tomaten in eine Schüssel geben und mit Oregano, Basilikum, Salz und Pfeffer würzen.
5. Teig ausrollen und 20 runde Kreise ausstechen. 20 Minuten gehen lassen. Dann die Tomatensoße mit einem Esslöffel darauf geben und verstreichen.
6. Die Pizza mit Gemüse nach Saison und Mozzarella belegen.
7. Im Backofen bei 200 Grad ca. 20 Minuten backen.

* Verändert nach: Soretz F (Hrsg): Iss dich fit! Das Kochbuch. Hannover (2007), S. 63

Wraps

Für 10 Portionen

Zutaten

1	kleiner Eisbergsalat
2	gelbe Paprika
2	rote Paprika
2	Salatgurken
8	Möhren
10 Scheiben	Putenbrustaufschnitt
10 Scheiben	Käse
5	große Weizentortillas
250 g	Kräuterkäse, Kräuterquark oder Tsatsiki

Zubereitung

1. Blätter vom Eisbergsalat zupfen, wasche und gut abtropfen lassen.
2. Die Paprika waschen und in feine Streifen schneiden.
3. Die Salatgurken und die Möhren waschen, schälen und in feine Streifen schneiden.
4. Die Weizentortillas auf der Arbeitsfläche auslegen.
5. Die Weizentortillas mit Kräuterfrischkäse, -quark oder Tsatsiki bestreichen, so dass noch ca. 1 cm am Rand frei bleibt.
6. Anschließend den Salat, das Gemüse, den Aufschnitt und den Käse darauf verteilen.
7. Zum Aufrollen werden die Weizentortillas an zwei gegenüberliegenden Seiten eingefaltet und von unten eingerollt. Den Wrap nun mittig (schräg) durchschneiden

Projekt: **DieBesserEsser Norden**

Gurkenschlangen

Für 15 Portionen

Zutaten

2 Salatgurken

2 Tomaten

6 Minikäse

½ rote Paprika

4 Nelken

Arbeitsmaterialien

Schneidebrett

Schäl-/Gemüsemesser

2 Servierplatten

Zubereitung

1. Salatgurken waschen und trockentupfen. Die Gurke flach auf ein Schneidebrett legen und mit einem spitzen Messer feine V-förmige Rillen von der Gurke abschneiden. Anschließend die Gurke in Scheiben schneiden, bis auf ein 10 cm langes Stück am Ende (für den Kopf). Die Scheiben sollten ca. ½ cm dick sein. Die geschnittenen Scheiben dabei zusammen liegen lassen.
2. Die Tomaten waschen und in 6 Scheiben schneiden.
3. Die Minikäse in jeweils 2 Scheiben schneiden.
4. Auf einer Anrichteplatte jeweils 5 Scheiben Gurke abwechselnd mit einer Scheibe Tomate und Käse legen. Die Schlange etwas schräg auseinander drücken. Den „Kopf" vorne ansetzen.
5. Aus der roten Paprika eine Zunge schneiden und in einem Schlitz am Schlangenkopf befestigen.
6. Die Nelken als Augen in den Schlangenkopf drücken.

Radieschenmäuse

Für 10 Portionen à 2 Stück

Zutaten

20 Radieschen

Arbeitsmaterialien

Schneidebrett

kleines Küchenmesser

1 Servierplatte

Zubereitung

1. Die Radieschen waschen und trockentupfen.
2. Das Radieschengrün bis auf ein kleines Schnäuzchen abschneiden.
3. Radieschenunterseite flach schneiden, damit die Mäuse liegen bleiben.
4. Aus den Resten der Unterseite zwei Ohren ausschneiden. An dem Radieschen seitlich zwei Einschnitte für die Ohren schneiden und diese einstecken.
5. Für die Augen jeweils zwei kleine Ausschnitte in die Radieschen schneiden.

Projekt: **Obst und Gemüse im Schulalltag**

Müslibuffet

Für 20 Personen

Zutaten

600 g	Haferflocken
300 g	Cornflakes
2 l	Milch (3,5 % Fett)
1 kg	Naturjoghurt (3,5 % Fett)
1 kg	Magerquark
4 EL	Honig
200 ml	Orangensaft
1	Zitrone
je 6	Äpfel, Birnen und Bananen
8	Orangen
100 g	Nüsse oder Kerne, idealerweise verschiedene Sorten, z. B. Haselnüsse, Walnüsse, gehackt oder Sonnenblumenkerne
100 g	Trockenfrüchte (z. B. Rosinen, Aprikosen, Pflaumen)
1 Tafel	Schokolade (mit hohem Kakaoanteil)

Oder anderes Obst der Saison!

Arbeitsmaterialien

1	Küchenwaage
6	große Schüsseln
7	kleine Schüsseln
1	Litermaß (½ l)
6	Esslöffel
7	Teelöffel
1	Sparschäler
1	Zitronenpresse
	Schäl-/Gemüsemesser
	Schneidebrett
2	Krüge á 1,5 l
2	Rührlöffel

Müsli-Mischregel

2 EL	Haferflocken
1 EL	Cornflakes
200 ml	Milch
oder 4 EL	Joghurt/Quarkgemisch
3 bis 5 EL	Obst
je 1 TL	Nüsse, Trockenfrüchte, Schokolade

Zubereitung

1. Haferflocken und Cornflakes mit der Küchenwaage abwiegen und jeweils in eine kleine Schüssel füllen.
2. Milch in zwei Krüge füllen.
3. Naturjoghurt mit dem Honig verrühren und in eine große Schüssel füllen.
4. Magerquark mit Orangensaft verrühren und ebenfalls in eine große Schüssel füllen.
5. Zitrone auspressen. Den Saft beiseite stellen.
6. Äpfel und Birnen waschen, vierteln, das Kerngehäuse entfernen und in Stücke schneiden. Das Obst jeweils getrennt in große Schüsseln geben und mit jeweils 1 EL Zitronensaft mischen.
7. Bananen schälen und in Scheiben schneiden; ebenfalls mit 1 EL Zitronensaft mischen und in eine Schüssel geben.
8. Orangen schälen, in Stücke schneiden und ebenfalls in eine Schüssel geben.
9. Nüsse oder Kerne nach Sorten getrennt in kleine Schüsseln geben.
10. Trockenfrüchte in kleine Schüsseln füllen. Große Trockenfrüchte klein schneiden.
11. Schokolade sehr klein schneiden und in eine kleine Schüssel geben.
12. Alle vorbereiteten Zutaten als Buffet anrichten.

Vollkornbrötchen

Für 20 Portionen à 2 Stück

Zutaten

1½ Würfel	Hefe
750 ml	handwarmes Wasser
1 Prise	Zucker
400 g	Roggenvollkornmehl
800 g	Weizenvollkornmehl
4 EL	Öl (am besten Rapsöl)
2 EL	Salz
Etwas	Mehl zum Bestäuben und Brötchen formen

Arbeitsmaterialien

	Backofen
	Backblech mit Backpapier
1	Küchenmaschine oder Handrührgerät mit Knethaken
1	Küchenwaage
1	Litermaß (1 l)
1	große Schüssel
1	Esslöffel
1	Geschirrtuch
1	kleines Messer

Zubereitung

1. Handwarmes Wasser in die große Schüssel füllen.
2. Hefe in das Wasser bröckeln. Mit dem Esslöffel verrühren bis sich die Hefe aufgelöst hat.
3. Zucker zugeben. 10 Minuten stehen lassen.
4. Roggenvollkornmehl und Weizenvollkornmehlauf der Küchenwaage abwiegen. Nach den 10 Minuten, das Mehl zur aufgelösten Hefe dazugeben.
5. Öl und Salz dazugeben. Mit dem Handrührgerät oder der Küchenmaschine zu einem Teig verarbeiten, bis er nicht mehr am Rand der Schüssel klebt. Den Teig mit etwas Mehl bestäuben und die Schüssel mit dem Geschirrtuch abdecken. Die Schüssel mit dem Teig an einem warmen Ort 30 Minuten gehen lassen.
6. Anschließend mit bemehlten Händen Brötchen formen. Die Brötchen mit einem Messer kreuzförmig einritzen und auf ein mit Backpapier ausgelegtes Backblech setzen und weitere 30 Minuten gehen lassen.
7. Im Backofen bei 200 Grad ca. 15 bis 20 Minuten backen. Die Brötchen vor dem Essen abkühlen lassen.

Hierzu passt die Schokocreme oder die Hasenbutter der beiden nachfolgenden Rezepte

Schokocreme

1 Glas = ca. 20 Portionen

Zutaten

200 g	fein gemahlene Haselnüsse
1 EL	Kakaopulver
2 EL	flüssiger Honig
100 ml	Sahne

Arbeitsmaterialien

1	Küchenwaage
1	Schüssel
1	Rührlöffel
1	Esslöffel
1	Litermaß (½ l)

Zubereitung

1. Haselnüsse mit dem Kakao und Honig in der Schüssel mit dem Rührlöffel verrühren.
2. Sahne abmessen. Davon so viel unter Rühren zu der Nussmischung in der Schüssel zugeben bis eine streichfähige Creme entsteht.
3. In ein Schraubglas abfüllen. Hält sich im Kühlschrank ca. 1 Woche.

Hasenbutter

1 Glas = ca. 20 Portionen

Zutaten

200 g	Möhren
½	Zitrone
150 g	Butter
2 EL	Honig

Arbeitsmaterialien

1	Handrührgerät
1	Küchenwaage
1	Gemüsereibe
	Schneidebrett
	Schäl-/Gemüsemesser
2	Esslöffel
	Küchenpapier
1	Sparschäler
1	Trinkglas
1	Schüssel
1	Zitronenpresse

Zubereitung

1. Möhren waschen und schälen. Auf das Schneidebrett ein Stück Küchenpapier legen und mit der Gemüsereibe die Möhren auf das Stück Küchenpapier feinreiben.
2. Die vier Ecken des Küchenpapiers in eine Hand nehmen und mit der anderen Hand den Saft in das Glas pressen. Den Saft beiseite stellen und anderweitig verwenden, z. B. gemischt mit anderen Säften trinken.
3. Die ausgepressten Möhren in die Schüssel geben.
4. Die Zitrone mit der Zitronenpresse auspressen. Den Saft zunächst beiseite stellen.
5. Die Butter abwiegen, in die Schüssel zu den Möhren geben und mit dem Handrührgerät unterrühren.
6. Anschließend mit dem Esslöffel Honig zu den Möhren geben und mit 2 EL von dem Zitronensaft abschmecken.

Quark-Öl-Teig-Brötchen

Für 10 Portionen

Zutaten

150 g	Magerquark
6 EL	Milch
6 EL	Öl
70 g	Zucker
1 Päckchen	Vanillezucker
250 g	Weizenmehl (Type 1050)
1 Päckchen	Backpulver
100 g	gemahlene Mandeln
100 g	Rosinen
1	Eigelb
1 TL	Milch

Zubereitung

1. Magerquark, Milch, Öl, Zucker und Vanillezucker in eine Schüssel geben und alles gut miteinander verrühren.
2. Mehl und Backpulver vermischen. Eine Hälfte der Mischung unter die Quarkmasse rühren.
3. Mandeln mit der anderen Hälfte des Mehls mischen und unter den Teig kneten.
4. Anschließend die Rosinen unterkneten.
5. Die Arbeitsfläche mit Mehl bestäuben, den Teig zu einer Rolle formen und in 10 bis 14 gleichgroße Stücke teilen.
   Daraus kleine Brötchen formen und auf ein gefettetes Blech legen.
6. Eigelb und Milch verrühren und die Brötchen damit bestreichen.
7. Bei 175 bis 200 Grad etwa 15 bis 20 Minuten backen.

Diese Brötchen werden trocken, ohne Belag verzehrt.

*In den Teig können auch zusätzlich gehackte Mandeln eingearbeitet werden.
Nach dem Backen können die Quarkbrötchen auch mit Streuseln oder Puderzucker verziert werden.*

Projekt: **DieBesserEsser Norden**

Müsli-Quark-Hörnchen

Für 10 Portionen

Zutaten

200 g	Weizenmehl (Type 1050)
200 g	Weizenmehl (Type 550)
1 Päckchen	Backpulver
200 g	Magerquark
100 ml	Milch
200 g	Früchtemüsli
100 g	Öl
80 g	Zucker
1 Prise	Salz
50 g	Butter oder Margarine
2 EL	Milch

Zubereitung

1. Mehl, Backpulver, Magerquark, Milch, 100 g Früchtemüsli, Öl, Zucker und Salz in eine Schüssel geben und alles gut miteinander verkneten.
2. Den Teig ausrollen und in 10 gleichgroße Quadrate teilen.
3. Die Butter oder Margarine zerlassen und die Teigstücke damit bestreichen.
4. 50 g des Früchtemüslis auf den Teigstücken verteilen, von einer Ecke aus die Quadrate aufrollen und zu Hörnchen biegen.
5. Die Hörnchen auf ein mit Backpapier ausgelegtes Blech legen, mit Milch bestreichen und die Hörnchen mit dem restlichen Müsli bestreuen.
6. Die Hörnchen im vorgeheizten Backofen bei 175 Grad in 15 bis 20 Minuten goldbraun backen.

Projekt: **DieBesserEsser Norden**

Stutenkerle

Für 2 Portionen

Zutaten

150 g	Magerquark
6 EL	Milch
6 EL	Öl
70 g	Zucker
1 Päckchen	Vanillezucker
225 g	Mehl (Type 1050)
1 Päckchen	Backpulver
100 g	gemahlene Mandeln
1	Eigelb
1 EL	Milch
	Korinthen
	Mandeln

Schnittmuster:

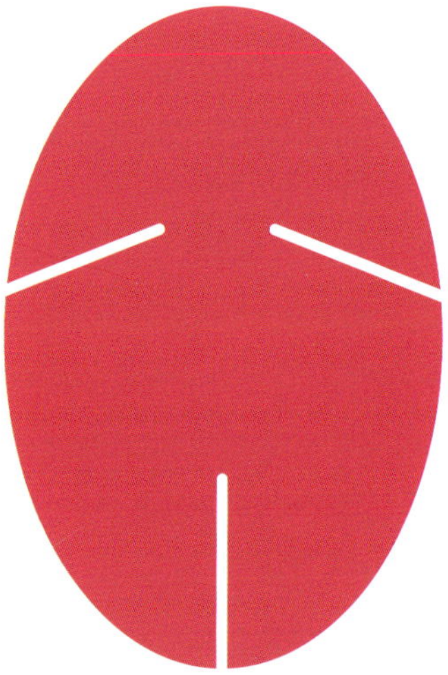

Zubereitung

1. Magerquark, Milch, Öl, Zucker und Vanillezucker in eine Schüssel geben und alles gut miteinander verrühren.
2. Mehl, Backpulver und die gemahlenen Mandeln in eine Schüssel geben und vermischen. Anschließend mit der Quarkmasse vermischen.
3. Den Teig in 6 gleich große Stücke teilen, aus jedem Stück einen Stutenkerl formen (s. Muster).
4. Das Eigelb und die Milch verquirlen, damit die Stutenkerle bestreichen.
5. Die Stutenkerle mit Korinthen und Mandeln verzieren.
6. Die Stutenkerle auf Backpapier legen und bei 175 bis 200 Grad ca. 20 Minuten backen.

Projekt: **DieBesserEsser Norden**

Möhren-Muffins

Für 24 Portionen

Zutaten

2 TL	Natron (ersatzweise Backpulver)
300 g	gemahlene Haselnüsse
400 g	Mehl
500 g	Möhren
2	Eier
220 g	Zucker
200 ml	Öl
400 g	saure Sahne
200 g	Puderzucker
1	Zitrone
200 g	Marzipan
25 g	Pistazienkerne (gehackt)

Arbeitsmaterialien

	Backofen, Gitterrost
	Muffinform für 24 Stück
	Küchenmaschine oder Handrührgerät mit Rührschüssel
	Küchenwaage
24	Papierbackförmchen
2	Schüsseln
1	kleine Schüssel
1	Kastenreibe
1	Sparschäler
1	Rührlöffel
1	Schäl-/Gemüsemesser
1	Zitronenpresse
2	Esslöffel
1	Gabel

Zubereitung

1. Natron (ersatzweise Backpulver) in einer Schüssel unter das Mehl mischen.
2. Mit dem Rührlöffel die gemahlenen Haselnüsse untermischen und zu dem Mehl geben.
3. Möhren waschen, schälen und in eine Schüssel fein reiben.
4. Die Eier in der Rührschüssel mit Zucker schaumig rühren. Öl und saure Sahne zu der Eier-Zucker-Mischung geben.
5. Nun die anderen Zutaten vorsichtig unterheben und kurz durchrühren. In die Vertiefungen der Backbleche die Papierformen setzen. Die Papierformen dann zu zwei Dritteln mit Teig füllen. Die Muffins im Backofen bei 180 Grad 20 bis 25 Minuten backen.
6. Zitrone auspressen. Den Puderzucker mit dem Zitronensaft esslöffelweiße mit einer Gabel verrühren bis ein streichfähiger Guss entsteht. Das Marzipan in drei Portionen aufteilen. Jeweils eine Portion mit grüner, roter und gelber Lebensmittelfarbe durch Kneten einfärben. Aus der Marzipanmasse 24 Marzipanmöhren formen. Die abgekühlten Muffins mit Puderzuckerguss bestreichen und je eine Möhre aufsetzen.
7. Zum Schluss jeden Muffin mit den gehackten Pistazienkernen bestreuen.

Buttermilch-Muffins

Für 24 Portionen

Zutaten

240 g	Weizenmehl (Type 1050)
240 g	Weizenmehl (Type 550)
3 TL	Backpulver
2 TL	Natron
2 TL	Zimt
280 g	Zucker
1 Päckchen	Vanillezucker
4	Äpfel
2	Eier
160 g	Öl
600 ml	Buttermilch

Zubereitung

1. Mehl, Backpulver, Natron, Zimt, Zucker und Vanillezucker in eine Schüssel geben und miteinander vermischen.
2. Die Äpfel waschen, schälen, entkernen, in kleine Stücke schneiden und unter die „trockenen“ Zutaten heben.
3. Eier, Öl und Buttermilch zu den anderen Zutaten hinzufügen und miteinander verrühren.
4. Die Muffinformen zu 2/3 mit Teig füllen und 15 Minuten ruhen lassen.
5. Dann bei 170 Grad, wenn möglich mit Dampf, ca. 22 Minuten backen!

Anstatt Äpfel eignen sich auch andere Obstsorten, z.B. frische Birnen oder Kirschen (gut abgetropft) aus dem Glas. Die Äpfel lassen sich besonders zeitsparend mit dem Apfelschäler in kleine Stücke schneiden.

Projekt: **DieBesserEsser Norden**

Quark-Apfel-Häufchen

Für 10 Portionen

Zutaten

2	Eier
100 g	Zucker
1 Päckchen	Vanillezucker
250 g	Quark
300 g	Mehl (Type 1050)
1 Päckchen	Backpulver
1	Apfel

Zubereitung

1. Eier schaumig rühren.
2. Zucker und Vanillezucker mit der Eimasse sorgfältig verrühren.
3. Anschließend den Quark hinzugeben und einrühren.
4. In einem zweiten Gefäß Mehl und Backpulver vermischen.
5. Die Mehlmischung unter die Quarkmasse mengen.
6. Den Apfel schälen, vierteln, entkernen, würfeln und in den Teig einarbeiten.
7. Ein Backblech mit Backpapier auslegen und mit 2 Löffeln kleine Teighaufen darauf setzen.
8. Die Quark-Apfel-Häufchen im vorgeheizten Backofen auf mittlerer Schiene bei 200 Grad ca. 20 Minuten backen.

In den Teig können auch zusätzlich Rosinen oder gehackte Mandeln eingearbeitet werden.
Nach dem Backen können die Quarkbrötchen auch mit Streuseln oder Puderzucker verziert werden.

Projekt: **DieBesserEsser Norden**

Apfelkekse

Für 10 Portionen à 3 Stück

Zutaten

60 g	Zucker
½ Päckchen	Vanillezucker
2	Eier
100 g	Butter
250 g	Mehl
½ Päckchen	Backpulver
ca. 50 ml	Milch
2	Äpfel
20 g	Puderzucker

Arbeitsmaterialien

	Backofen (Heißluft)
2	Backbleche mit Backpapier
	Handrührgerät mit Rührschüssel
	Küchenwaage
1	Schüssel
1	Rührlöffel
4	Teelöffel
1	Litermaß (ml-Skala)
	Schneidebrett
1	Schäl-/Gemüsemesser
	Sparschäler

Zubereitung

1. Zucker, Vanillezucker, Eier und Butter in einer Rührschüssel schaumig rühren.
2. Mehl mit dem Backpulver mischen und unter die Buttermischung heben. Eventuell etwas Milch zugeben, dass eine feste homogene Masse entsteht.
3. Die Äpfel schälen, vom Kerngehäuse befreien, in kleine Stücke schneiden und ebenfalls unter den Teig heben.
4. Mit dem Teelöffel den Teig auf ein mit Backpapier ausgelegtes Backblech legen.
   Bei Heißluft 200 Grad ca. 10 Minuten backen.
5. Nach dem Abkühlen mit Puderzucker bestäuben.

Die Kekse schmecken frisch am besten.
In einer Dose aufbewahrt werden sie weicher.

Apfelchips

Für 10 Portionen

Zutaten

4	säuerliche Äpfel
8 EL	Zitronensaft

Arbeitsmaterialien

	Backofen (Heißluft)
	Bambusstäbe
	Backpapier
	Schneidebrett
	Schäl-/Gemüsemesser
	Backpinsel
	Apfelausstecher
	Sparschäler
	Holzlöffel
1	kleine Schüssel

Zubereitung

1. Die Äpfel waschen und ganz schälen. Das Kerngehäuse entfernen. Die Äpfel in 2 bis 5 mm dicke Ringe schneiden.
2. Zitronensaft in Schüssel füllen.
3. Die Apfelringe mit dem Zitronensaft bepinseln.
4. Die Apfelringe mit 2 cm Abstand auf die Bambusstäbe aufreihen und die Stäbe zwischen die Einschubleisten des Backofens hängen. Es sollte ein mit Backpapier belegtes Backblech unter den Apfelringen platziert werden, falls Saft von den Äpfeln tropft.
5. Im Umluftbackofen drei Stunden bei 80°C trocknen lassen, dabei einen Holzlöffelstil zwischen die Tür klemmen, damit die Feuchtigkeit aus dem Ofen abziehen kann.
6. Nach dem Backen können die Apfelringe sofort verzehrt werden.

Obstspieße

Für 30 Portionen

Zutaten

5	Äpfel
1 kg	Erdbeeren
5	Birnen
	frische Minzeblättchen

Oder anderes Obst der Saison!

Arbeitsmaterialien

	Schneidebrett
	Sparschäler
	Schäl-/Gemüsemesser
30	Schaschlikspieße
	Platte und Schale

Zubereitung

1. Die Äpfel, Erdbeeren und Birnen waschen und trocknen. Äpfel und Birnen vom Kerngehäuse befreien. Das Grüne von den Erdbeeren schneiden. Das Obst in grobe Stücke schneiden.
2. Die Früchte schön sortiert auf eine Platte legen.
3. Die einzelnen Obststücke nun dekorativ in einer bunten Reihenfolge auf die Spieße stecken.
4. Anschließend die Obstspieße in einer Schale anrichten und mit frischen Minzeblättchen dekorieren.

Projekt: **Obst und Gemüse im Schulalltag**

Sommerlicher Blattsalat mit gebratenen Hähnchenbruststreifen

Für 4 Portionen

Zutaten

1	Kopfsalat
100 g	Rucola
1 Stange	Frühlingszwiebel
4–6	Tomaten
1	Gurke
2	Paprika
200 g	Joghurt
100 g	saure Sahne
1	Zwiebel
2 TL	Senf
	etwas Essig
	evtl. Milch oder Wasser

Zutaten

	frische Kräuter, z. B. Schnittlauch, Basilikum, Kerbel, gewaschen
	Knoblauch
	Pfeffer
	Salz
	Öl
	Zucker
400 g	Hähnchenbrust
8 Scheiben	Brot oder Baguette

Zubereitung

1. Salat putzen, waschen und abtropfen lassen.
   Dann in eine Schüssel geben und in den Kühlschrank stellen.
2. Frühlingszwiebel waschen und in Ringe schneiden.
   Zwiebel schälen und kleinwürfeln.
3. Tomaten, Gurke und Paprika unter fließendem Wasser abwaschen, putzen bzw. schälen.
   Alles in Würfel oder Scheiben schneiden.
4. Für das Dressing Joghurt, saure Sahne, Zwiebelwürfel, Senf, etwas Essig und die fein geschnittenen Kräuter verrühren.
5. Mit Salz, Pfeffer und Zucker das Dressing abschmecken, damit es einen frischen Geschmack bekommt.
6. Sollte es nicht flüssig genug sein, kann noch etwas Milch oder Wasser dazugegeben werden.
7. Das fertige Dressing in den Kühlschrank stellen.
8. Hähnchenbrust unter laufendem kalten Wasser waschen, mit einem Küchentuch abtupfen und in dünne Streifen schneiden.
9. Fleisch in etwas heißem Öl braten.
10. Salat auf einem Teller anrichten, Fleisch darüber verteilen und das Dressing extra dazu reichen.
    Besonders lecker ist der Salat mit zwei Scheiben Brot!

Wenn man ein Dressing probieren möchte, ist es ratsam, etwas Dressing auf ein Salatblatt zu geben und dann zu essen. Nur so kann man feststellen ob noch etwas fehlt. Bei der Verarbeitung von Geflügelfleisch sind Ordnung und ein sauberer Arbeitsplatz absolut notwendig. Besonders nach dem Schneiden von Geflügel immer das Schneidebrett und den Arbeitsplatz gründlich reinigen!

Projekt: **DieBesserEsser Norden**

Vinaigrette für Blattsalate

Für 5 Portionen

Zutaten

6 EL	Kräuteressig
1/8 l	Öl
1	Zwiebel
1	hart gekochtes Ei
1	Knoblauchzehe
evtl.	gehackte Petersilie, Dill und Schnittlauch

Zubereitung

1. Essig in eine Schüssel geben. Unter ständigem Rühren das Öl zum Essig hinzugeben.
2. Zwiebel schälen, in sehr kleine Würfel schneiden und zur Soße geben.
3. Das hart gekochte Ei pellen, in feine Würfel schneiden und zur Soße geben.
4. Knoblauchzehe schälen, zerdrücken und in der Vinaigrette verrühren.
5. Gehackte Petersilie, Dill und Schnittlauch zu der Salatsoße hinzugeben.

Vinaigrette passt zu Feldsalat oder Salatmix aus Lollo Rosso, Kopf- oder Eichblattsalat.

Projekt: **DieBesserEsser Norden**

Eisbergsalat mit Joghurt-Dressing

Für 10 Portionen

Zutaten

1	Eisbergsalat
200 g	Joghurt
100 g	saure Sahne
4 EL	Zitronensaft
	Salz
	Zucker

Zubereitung

1. Joghurt, saure Sahne und Zitronensaft in einer Schüssel verrühren.
2. Mit Salz und Zucker abschmecken.
3. Eisbergsalat putzen, waschen und kleinschneiden
4. Salat mit Dressing verrühren und anrichten.

Projekt: **DieBesserEsser Norden**

Chinakohl-Salat

Für 10 Portionen

Zutaten

1	Chinakohl
4	Tomaten
1 Bund	Schnittlauch
200 g	Joghurt
100 g	körniger Frischkäse
etwas	Zitronensaft
	Salz
	Zucker
	Pfeffer

Zubereitung

1. Die äußeren Blätter des Chinakohls entfernen und den Kopf in feinen Streifen schneiden, waschen und abtropfen lassen. Den kleingeschnittenen Chinakohl in eine Schüssel geben.
2. Die Tomaten waschen, abtrocknen, klein schneiden und zum Chinakohl geben.
3. Den Schnittlauch waschen, abtropfen lassen, klein schneiden und zum Salat geben und durchmengen.
4. Den Joghurt und körnigen Frischkäse in einem zweiten Gefäß verrühren. Mit etwas Zitronensaft, Salz, Zucker und Pfeffer abschmecken.
5. Das Joghurt-Frischkäse-Dressing kurz vor dem Servieren vorsichtig unterheben.

Projekt: **DieBesserEsser Norden**

Gurken-Salat

Für 5 Portionen

Zutaten

2	Gurken
3 EL	Öl
1 EL	Essig
	Salz
	Pfeffer
	Zucker
4 Zweige	Dill
Oder	
200 g	Joghurt
½ EL	Essig
	Salz
	Zucker

Zubereitung

1. Gurken waschen, schälen, in Scheiben schneiden und in eine Schüssel geben.
2. Öl und Essig zu den Gurken geben. Mit etwas Salz, Pfeffer und Zucker abschmecken.
3. Die Dill-Zweige waschen, abtropfen lassen und klein schneiden. Anschließend unter die Gurken heben.
4. Statt des Essig-Öl-Dressings kann das Dressing auch mit Joghurt hergestellt werden: Dazu Joghurt, Essig, Salz und Zucker in einem Gefäß miteinander verrühren und anschließend unter die Gurken heben.

Projekt: **DieBesserEsser Norden**

Paprika-Tomaten-Salat

Für 5 Portionen

Zutaten

3	Paprika
4	Tomaten
1	Zwiebel
3 EL	Essig
3 EL	Wasser
6 EL	Öl
	Senf
	Salz
	Pfeffer
	Zucker
	Knoblauch nach Belieben

Zubereitung

1. Paprika waschen, halbieren, Kerne entfernen und in Streifen schneiden. Paprikastreifen in eine Schüssel geben.
2. Tomaten überbrühen, abschrecken, abziehen, und in Scheiben schneiden. Die Tomatenscheiben zu den Paprikastreifen in die Schüssel geben.
3. Zwiebel schälen, in Würfel schneiden und in die Schüssel geben.
4. Für die Marinade erst Essig und Wasser mit Senf und Gewürzen in einem Gefäß vermischen.
5. Unter ständigem Rühren das Öl langsam hinzugeben, so verbinden sich die Bestandteile.
6. Kurz vor dem Servieren die Marinade über den Salat geben.

Projekt: **DieBesserEsser Norden**

Blumenkohl-Salat

Für 5 Portionen

Zutaten

3 EL	Kräuteressig
3 EL	Wasser
6 EL	Öl
	Salz
	Senf
	Pfeffer
	Zucker
2	Eier
1	Blumenkohl
½ Bund	Frühlingszwiebeln

Zubereitung

1. Für die Marinade in einem Gefäß Essig und Wasser mit Senf und Gewürzen vermischen.
2. Unter ständigem Rühren das Öl langsam hinzugeben, so verbinden sich die Bestandteile.
3. Die Marinade beiseite stellen.
4. Die Eier hartkochen, pellen, hacken und zur Marinade geben.
5. Blumenkohl waschen, in Röschen (mundgerechte Stücke) zerteilen.
6. Die Blumenkohlröschen 1 Minute in kochendes Wasser geben (blanchieren), in Eiswasser abschrecken und gut abtropfen lassen. Blumenkohlröschen in eine Schüssel geben.
7. Frühlingszwiebeln waschen, fein schneiden, zum Blumenkohl geben.
8. Eine halbe Stunde vor dem Servieren die Marinade nochmals verrühren und unter den Blumenkohl heben.

Projekt: **DieBesserEsser Norden**

Kohlrabi-Salat

Für 5 Portionen

Zutaten

4	Kohlrabi
1 Bund	Frühlingszwiebeln
200 g	Joghurt
100 g	Frischkäse
3 EL	Milch
3 EL	Essig
	Salz
	Pfeffer
	Zucker

Zubereitung

1. Kohlrabi schälen und erst in Scheiben dann in feine Stifte schneiden. Kohlrabistifte in eine Schüssel geben.
2. Frühlingszwiebeln waschen und in feine Ringe schneiden. Die Frühlingszwiebeln zum Kohlrabi hinzufügen.
3. Für die Marinade Joghurt, Frischkäse, Milch und Essig in einem Gefäß miteinander vermengen. Anschließend die Marinade über das Gemüse geben.
4. Mit Salz, Pfeffer und Zucker abschmecken.
5. Den Salat eine halbe Stunde ziehen lassen, ggf. nachwürzen.

Projekt: **DieBesserEsser Norden**

Rotkohl-Apfel-Salat

Für 10 Portionen

Zutaten

6 EL	Essig
6 EL	Wasser
12 EL	Öl
	Senf
	Salz
	Pfeffer
	Zucker
3	Äpfel
1	kleiner Rotkohl
	evtl. Preiselbeeren

Zubereitung

1. Essig und Wasser in einem Gefäß mit Senf und Gewürzen vermischen.
2. Unter ständigem Rühren das Öl langsam hinzugeben, so verbinden sich die Bestandteile.
3. Mit Senf, Pfeffer, Zucker und Salz abschmecken.
4. Äpfel waschen, schälen und raspeln, zur Marinade geben.
5. Rotkohl putzen, halbieren, Strunk entfernen, fein raspeln.
6. Salat waschen, abtropfen lassen und mit der Marinade in einer Schüssel gut durchkneten.
7. Den Salat eventuell mit Preiselbeeren verfeinern.

Projekt: **DieBesserEsser Norden**

Sellerie-Apfel-Salat

Für 5 Portionen

Zutaten

200 g	Joghurt
100 g	saure Sahne
4 EL	Zitronensaft
	Salz
	Zucker
200 g	Äpfel
300 g	Sellerie
	Walnüsse

Zubereitung

1. Joghurt, saure Sahne und Zitronensaft in einer Schüssel verrühren. Mit Salz und Zucker abschmecken.
2. Äpfel waschen, schälen und grob raspeln und unter das Joghurt-Dressing heben.
3. Sellerie waschen, schälen und fein raspeln, zu den Äpfeln geben.
4. Alles gut durchmischen.
5. Walnüsse zur Dekoration auf den fertigen Salat geben.

Projekt: **DieBesserEsser Norden**

Apfel-Möhren-Rohkost mit Zitrone

Für 10 Portionen

Zutaten

1	Zitrone
3	Äpfel
1 kg	Möhren
2 EL	Öl
	Zucker (nach Geschmack)

Zubereitung

1. Zitrone auspressen und den Saft beiseite stellen.
2. Äpfel und Möhren waschen, schälen und in eine Schüssel raspeln.
3. Zitronensaft zu den Äpfeln und Möhren geben.
   Anschließend das Öl zugeben und mit der Rohkost vermischen.
4. Den Salat mit Zucker abschmecken.

Projekt: **DieBesserEsser Norden**

Möhren-Apfel-Salat

Für 20 Portionen

Zutaten

2 kg	Möhren
600 g	Äpfel
1	Zitrone
120 ml	Orangensaft
2 EL	Honig
4 EL	Öl (ideal: Rapsöl)
	weißer Pfeffer
120 g	gehobelte Mandeln

Arbeitsmaterialien

1	Kochplatte
1	Pfanne
1	Pfannenwender
	Küchenwaage
1	Zitronenpresse
1	große Schüssel
	Schneidebrett
	Sparschäler
1	Schäl-/Gemüsemesser
1	Salatbesteck
1	Litermaß (½ l)
2	Esslöffel
1	Reibe

Zubereitung *

1. Möhren waschen, schälen und mit einer Reibe in eine Schüssel raspeln.
2. Äpfel waschen und ebenfalls in die Schüssel raspeln.
3. Zitrone halbieren und auspressen. Saft in die Schüssel geben.
4. Zusätzlich Orangensaft, Honig und Öl unterrühren.
5. Mit Pfeffer abschmecken. Den Salat anrichten.
6. Die Mandeln in einer Pfanne rösten und über den Salat geben.

* Verändert nach: AID, DGE (Hrsg.): Essen und Trinken in Schulen. Bonn 2003.

Bunter Kartoffelsalat

Für 20 kleine Portionen

Zutaten

1,5 kg	festkochende Kartoffeln
3	rote Paprika
3	gelbe Paprika
9	Tomaten
3	Schlangengurken
2 Bund	Radieschen
3	große Zwiebeln
4	hartgekochte Eier
7 EL	Ketchup
6 EL	Tomatenmark
600 g	Joghurt natur
	Curry
	Salz
	Pfeffer

Arbeitsmaterialien

1	Kochplatte
1	Topf
	Küchenwaage
	Schäl-/Gemüsemesser
	Gabel
1	große Schüssel
1	kleine Schüssel
1	Salatbesteck
	Schneidebrett

Zubereitung

1. Kartoffeln waschen, als Pellkartoffeln mit wenig Wasser garen, pellen, in Scheiben schneiden und in die große Schüssel geben.
2. Paprika aufschneiden, Scheidewände und Kerne entfernen, waschen und in Würfel schneiden. Paprikawürfel zu den Kartoffeln in die große Schüssel geben.
3. Tomaten waschen, Strunk entfernen, in Achtel schneiden und zugeben.
4. Gurken waschen, vierteln, in Würfel schneiden und zugeben.
5. Radieschen waschen, Kopf und Ende abschneiden und in Scheiben schneiden. Zu den anderen Zutaten hinzufügen.
6. Zwiebeln schälen, in feine Würfel schneiden und in die Schüssel geben.
7. Eier pellen und in Würfel schneiden. Alle Zutaten in der großen Schüssel mischen.
8. Ketchup in der kleinen Schüssel mit Tomatenmark und Joghurt mit der Gabel verrühren. Zu den Kartoffeln und dem Gemüse zugeben.
9. Den Salat mit Curry, Pfeffer und Salz abschmecken.

Projekt: **Obst und Gemüse im Schulalltag**

Couscous-Salat

Für 20 Portionen

Zutaten

100 ml	Zitronensaft
1 kg	Couscous
2 l	heißes Wasser
200 ml	Öl
½ TL	Salz
½ TL	Pfeffer
2 Bund	Petersilie
4 Bund	Frühlingszwiebeln
5	Zucchini
2	rote Paprika
2	gelbe Paprika
1	Salatgurke
2 kg	Tomaten
2	Knoblauchzehen
600 g	Fetakäse

Arbeitsmaterialien

1	Wasserkocher oder Kochplatte mit Topf
1	Küchenwaage
1	Sieb
1	Teelöffel
1	Schäl-/Gemüsemesser
1	Sparschäler
2	große Schüsseln
	Schneidebrett
1	Knoblauchpresse
1	Salatbesteck
1	Litermaß (1 l)
1	Rührlöffel

Zubereitung *

1. Couscous mit heißem Wasser, Öl, Salz, Pfeffer und Zitronensaft in eine Schüssel geben und gut durchrühren. 15 Minuten quellen lassen.
2. Petersilie putzen, waschen und abtropfen lassen.
3. Frühlingszwiebeln waschen, putzen und in kleine Röllchen schneiden. In der Schüssel mit den folgenden Zutaten mischen.
4. Zucchini waschen und längs halbieren. Dann die Hälften jeweils in dünne Scheiben schneiden.
5. Paprika waschen, putzen und in kleine Stücke schneiden.
6. Salatgurke waschen, schälen und längs halbieren. Die Hälften in dünne Scheiben schneiden.
7. Tomaten waschen, putzen und achteln.
8. Die Petersilie fein hacken.
9. Knoblauchzehen schälen und durch eine Knoblauchpresse drücken.
10. Fetakäse in Stücke schneiden.
11. Gemüse, Petersilie und den Fetakäse unter den Couscous mischen und durchziehen lassen. Anschließend abschmecken und evtl. noch etwas Wasser zugeben.

* Verändert nach: Ministerium für Ernährung und Ländlichen Raum Baden-Württemberg; AID (Hrsg.): Esspedition Küche. Stuttgart/Bonn 2006.

Kürbissuppe

Für 20 Portionen

Zutaten

2	Zwiebeln
3 kg	Kürbis
60 g	Öl
2 l	Gemüsebrühe
350 ml	Sahne
	Pfeffer
	evtl. Salz
10 Scheiben	Vollkornbrot

Zubereitung *

1. Zwiebeln schälen und fein würfeln.
2. Kürbis waschen, putzen und würfeln.
3. Öl im großen Topf erhitzen. Zwiebeln darin andünsten. Kürbis in den Topf geben. Mit Gemüsebrühe ablöschen.
4. Mit Pfeffer und Salz würzen, aufkochen. Auf kleiner Stufe zugedeckt 20 bis 30 Minuten auf mittlerer Stufe kochen lassen.
5. Sahne dazugeben und umrühren.
6. Vollkornbrot würfeln und in der Pfanne ohne Fett leicht anrösten.
7. Die Suppe mit dem Pürierstab fein pürieren.
8. Zum Abschluss die Suppe abschmecken und mit den Brotwürfeln servieren.

* Verändert nach: Schulverlag BLMV AG (Hrsg.): Tiptopf. Bern 2008. S. 93

Kürbissuppe mit Croutons

Für 4 Portionen

Zutaten

500 g	Kürbis
1	Zwiebel
40 g	Ingwer
1	Knoblauchzehe
1	kleine Chilischote
3–4 EL	Öl
1 EL	Currypulver
800 ml	Gemüsebrühe
4 Scheiben	Toastbrot
	Pfeffer
	Salz
	Zimtpulver
	Butterschmalz oder Öl zum Anrösten

Zubereitung

1. Den Kürbis halbieren, entkernen und in Würfel schneiden.
2. Zwiebel, Ingwer und Knoblauch schälen und klein schneiden.
3. Alles in Öl in einem Topf kurz anschwitzen.
4. Wenn das Gemüse etwas Farbe hat, mit Currypulver bestäuben.
5. Anschließend mit Gemüsebrühe ablöschen und bei mittlerer Hitze ca. 30 Minuten köcheln lassen.
6. Die Kürbissuppe mit einem Pürierstab fein pürieren und mit Pfeffer und Salz abschmecken.
7. Für die Croutons Toastbrotscheiben in feine Würfel schneiden.
8. Brotwürfel unter ständigem Rühren in einer Pfanne mit Butterschmalz oder Öl solange rösten, bis sie braun und knusprig sind.
9. Danach gibt man sie auf ein Küchentuch und würzt sie mit Salz und Zimt!
10. Croutons auf der Suppe servieren.

Projekt: **DieBesserEsser Norden**

Karottensuppe

Für 20 Portionen

Zutaten

1 Bund	Petersilie
2	Zwiebeln
2,5 kg	Karotten
60 g	Öl
3 l	Gemüsebrühe
	Pfeffer
	evtl. Salz
1 Prise	Zucker
350 ml	Sahne

Zubereitung *

1. Petersilie putzen, waschen und abtropfen lassen.
2. Zwiebeln schälen, fein würfeln und in einer Schüssel zur Seite stellen.
3. Karotten waschen, schälen und raspeln.
4. Öl in einem großen Topf erhitzen und die Zwiebeln darin andünsten. Karotten zu den Zwiebeln zugeben und mit Gemüsebrühe ablöschen.
5. Mit Salz und Pfeffer würzen. Aufkochen und auf kleiner Stufe zugedeckt 20 bis 30 Minuten kochen lassen.
6. Mit dem Pürierstab die Suppe fein pürieren.
7. Mit Zucker abschmecken und mit Sahne verfeinern. Die Petersilie hacken und die Suppe damit garnieren.

* Verändert nach: Schulverlag BLMV AG (Hrsg.): Tiptopf. Bern 2008. S. 94

Apfel-Kartoffelsuppe

Für 20 Portionen

Zutaten

1,5 kg	Kartoffeln (mehlig kochend)
2 kg	Äpfel
25 g	frischer Ingwer
10	Nelken
6 l	heißes Leitungswasser
6 EL	Gemüsebrühepulver
	Pfeffer
	Salz
600 ml	Schlagsahne
15	Frühlingszwiebeln

Arbeitsmaterialien

1	Kochplatte
1	großer Kochtopf (10 l)
1	Pürierstab
	Schneidebrett
	Schäl-/Gemüsemesser
1	Sparschäler
1	Litermaß (1 l)
1	Kastenreibe
1	kleine Schüssel
1	großer Kochlöffel
1	Suppen-/Schöpfkelle

Zubereitung

1. Kartoffeln waschen, schälen, klein schneiden und in den Topf geben.
2. Äpfel waschen, das Kerngehäuse entfernen, in kleine Würfel schneiden und zufügen.
3. Ingwer schälen, mit der Kastenreibe fein reiben und zufügen.
4. Nelken zugeben. Heißes Wasser auf die Kartoffeln und Äpfel gießen.
5. Gemüsebrühepulver unterrühren und bei mittlerer Hitze 25 bis 30 Minuten garen.
6. Dann mit einem Pürierstab pürieren und mit Pfeffer und Salz würzen.
7. Schlagsahne unter die Suppe rühren.
8. Von den Frühlingszwiebeln die äußeren Blätter entfernen, waschen und in feine Ringe schneiden. Die Suppe mit den Frühlingszwiebelringen bestreut servieren.

Lauchcremesuppe

Für 4 Portionen

Zutaten

2 Stangen	Lauch
2	Zwiebeln
40 g	Butter
	Mehl
500 ml	Gemüsebrühe
100 ml	Sahne
	etwas Schnittlauch
	Muskat
	Pfeffer
	Salz

Zubereitung

1. Lauch putzen, waschen und in ca. 1 cm große Ringe schneiden.
2. Zwiebel schälen und in Würfel schneiden.
3. Butter in einen Topf geben und die Zwiebel und den Lauch darin glasig andünsten.
4. Mit Mehl bestäuben, kurz anschwitzen und mit der Brühe ablöschen.
5. Ca. 15 Minuten köcheln lassen.
6. Mit dem Pürierstab pürieren.
7. Die Sahne unterrühren und die Suppe noch einmal kurz aufkochen lassen.
8. Mit Salz, Pfeffer und Muskat abschmecken.
9. In einem Teller anrichten und mit Schnittlauch garnieren.

Dieses Rezept kann man auch prima mit Möhren oder Zucchini abwandeln. Durch die Zugabe von gebratenem Hackfleisch wird diese Suppe zum Hauptgang, den man prima vorbereiten kann.

Projekt: **DieBesserEsser Norden**

Gemüsesuppe

Für 4 Portionen

Zutaten

200 g	Möhren
200 g	Kartoffeln
1	Zwiebel
1	Knoblauchzehe
600 ml	Gemüsebrühe

Einlagen für die Suppe

Alle Einlagen für eine Suppe sind zu viel!
1 bis 2 auswählen!
Je Einlage jeweils in eine Schale füllen.

2 EL	Schmand oder Frischkäse
2 EL	(ca. 20 g) Raspelkäse oder geriebener Parmesan
1 EL	Mandelblättchen
100 g	gebratenes und gewürztes Hackfleisch
1 EL	gehackter Schnittlauch
1	Frühlingszwiebel gewaschen und in Ringe geschnitten

Zubereitung

1. Möhren, Kartoffeln, Zwiebel und Knoblauchzehe schälen und in Stücke schneiden (je kleiner die Stücke, desto kürzer die Garzeit!).
2. Alle Zutaten in einen Kochtopf geben und mit Gemüsebrühe aufgießen.
3. Auf den Herd stellen, zum Kochen bringen und 15 bis 20 Minuten köcheln lassen.
4. Tisch decken und die Einlagen für die Suppe zubereiten und bereitstellen.
5. Den Topf von der Herdplatte nehmen. Mit einem Pürierstab die Suppe pürieren.

Projekt: **DieBesserEsser Norden**

Graupensuppe

Für 2 Portionen

Zutaten

50 g	Perlgraupen (mittel)
2	Möhren
½ Stange	Lauch
50 g	Knollensellerie
½	Kohlrabi
2	Kartoffeln
½ Bund	Liebstöckel
1 EL	Öl
½ l	Gemüsebrühe
2	Brühwürstchen

Zubereitung

1. Graupen in kaltem Salzwasser in einem Topf aufsetzen, zum Kochen bringen und ca. 20 Minuten garen.
2. Gemüse waschen, putzen, schälen und in kleine Würfel schneiden.
3. Liebstöckel waschen, trocken tupfen, Blätter abzupfen und fein hacken.
4. Öl in einem Topf erhitzen, Gemüse darin kurz andünsten und mit Brühe ablöschen.
5. Mit Pfeffer und Salz würzen und fertig garen.
6. Nach 20 Minuten probieren, ob die Graupen gar sind.
7. Dann Graupen abgießen, kurz abspülen und zur Suppe geben.
8. Brühwürstchen in Scheiben schneiden, zur Suppe geben und kurz durchziehen lassen.
9. Nochmals abschmecken und mit Liebstöckel bestreuen.

Projekt: **DieBesserEsser Norden**

Haferklößchensuppe

Für 20 Portionen

Zutaten

2 Bund	Petersilie
300 g	Hafer
300 g	Butter
10	Eier
½ TL	Salz
½ TL	gemahlener Pfeffer
5 l	Wasser
100 g	Gemüsebrühepulver
1 kg	Möhren
1	Sellerieknolle

Zubereitung *

1. Petersilie putzen, waschen und abtropfen lassen.
2. Hafer in der Getreidemühle fein mahlen.
3. Gemahlenen Hafer mit Butter, Eiern, Pfeffer und Salz in eine große Schüssel geben und mit der Küchenmaschine zu einem glatten Teig verarbeiten. Den Teig kühl stellen und quellen lassen.
4. Wasser mit Gemüsebrühepulver in einen Topf geben und auf der Kochstelle zum Kochen bringen.
5. In der Zwischenzeit Möhren und Sellerieknolle waschen, schälen und grob raspeln.
6. Das Gemüse in die kochende Brühe geben. 10 bis 15 Minuten auf mittlerer Stufe kochen lassen. Danach auf kleinste Stufe schalten und mit zwei Teelöffeln Teignocken abstechen und in der Brühe 10 Minuten garziehen lassen.
7. Die Petersilie hacken und in die Suppe geben.

* Verändert nach: Dr. Oetker R: Kinderkochbuch. Bielefeld 1990.

Ratatouille

Für 4 Portionen

Zutaten

1	mittlere Aubergine
1	mittlere Zucchini
2	Zwiebeln
4	Paprika
1	Knoblauchzehe
	Thymian
	Basilikum
	Rosmarin
1 EL	Öl
	Pfeffer
	Salz
	Zucker
1 kleine Dose	geschälte Tomaten

Zubereitung *

1. Gemüse waschen, putzen und in Stücke schneiden.
2. In einer Pfanne etwas Öl erhitzen, jede Gemüsesorte einzeln anbraten und bei der gewünschten Bräune heraus nehmen und in eine Schüssel geben.
3. Wenn alles angebraten ist, kommt das Gemüse in einen Topf und wird mit Pfeffer, Salz und etwas Zucker gewürzt. Anschließend kommen die Kräuter, Knoblauch und Tomaten dazu.
4. Nun alles noch ca. 10 Minuten kochen lassen und nochmals abschmecken.

Die wichtigsten Bestandteile für Ratatouille sind Auberginen, Zwiebeln, Zucchini, Tomaten, Paprika und Knoblauch, die in nicht zu kleine Stücke geschnitten, angebraten und dann geschmort werden. Ratatouille ist ein leichtes Sommergericht, das kalt oder warm mit Baguette gegessen wird.
Schmeckt auch super zu Fleisch und Fisch, kalt oder warm und lässt sich auch prima vorbereiten.

Projekt: **DieBesserEsser Norden**

Gemüsepfanne mit Tomatenreis

Für 20 Portionen

Zutaten

1 Bund	Petersilie
1600 g	Zwiebeln
500 g	Weißkohl
500 g	Möhren
500 g	rote Paprika
500 g	gelbe Paprika
500 g	Champignons
500 g	Zucchini
2 × 800 g	Schältomaten (Dose)
	Knoblauchzehe
	Thymian
	Oregano

Oder anderes Gemüse der Saison!

Zutaten

	Pfeffer
	Cayennepfeffer
	Salz
100 ml	Öl
200 g	Tomatenmark
800 g	Reis
800 ml	Wasser
	Gemüsebrühepulver

Zubereitung*

1. Petersilie waschen, putzen und abtropfen lassen.
2. Zwiebeln schälen und fein würfeln.
3. Weißkohl, Paprika, Champignons und Zucchini waschen, putzen und in Würfel schneiden.
4. Möhren waschen, schälen und in Scheiben schneiden.
5. Öl in einem Topf erhitzen und darin die Zwiebeln glasig dünsten. Tomatenmark dazugeben.
6. Dann den Reis in den Topf geben, leicht anschwitzen und mit Wasser und der Hälfte der Schältomaten ablöschen. 30 bis 40 Minuten kochen lassen.
7. In der Zwischenzeit das Gemüse in einem großen Topf mit den restlichen Schältomaten dünsten. Das Gemüse mit zerdrückter Knoblauchzehe, Thymian, Oregano, Pfeffer, Cayennepfeffer und Salz abschmecken.
8. Den Reis mit Cayennepfeffer, Salz und Gemüsebrühepulver abschmecken.
9. Zum Anrichten die Petersilie fein hacken und den Tomatenreis und das Gemüse damit bestreuen.

* Verändert nach: AID, DGE (Hrsg.): Essen und Trinken in Schulen. Bonn 2003.

Mischpilz-Brennnessel-Risotto

Für 10 Portionen

Zutaten

600 g	gemischte, getrocknete Pilze (Steinpilze, Champignons, Maronen etc.)
8 EL	Öl
8 EL	junge Brennnesselblättchen, gehackt
2	Zwiebeln, geschält, fein gewürfelt
800 g	Risottoreis
2 l	Gemüsebrühe
150 g	Käse, gerieben
4 EL	Petersilie, gehackt
	Pfeffer
	Salz

Arbeitsmaterialien

1	Kochplatte
1	Topf (3 l)
1	Pfanne mit Deckel
1	großer flacher Topf (5 l)
1	Küchenwaage
1	Litermaß
	Schneidebrett
	Schäl-/Gemüsemesser
1	Kochlöffel
2	Esslöffel
2	Schüsseln
1	Reibe

Zubereitung

1. Die Pilze in mundgerechte Stücke brechen, 10 Minuten in einer Schüssel in handwarmes Wasser einlegen und quellen lassen.
2. Gemüsebrühe nach Anleitung im Topf herstellen.
3. Pilze in 4 EL Öl in einer Pfanne anbraten. Sobald sie Wasser ziehen, die Brennnesselblättchen hinzugeben. Die Hitze reduzieren und einige Minuten garen.
4. Bevor das Wasser vollständig verdampft ist, die Pfanne vom Herd nehmen und zugedeckt beiseite stellen.
5. In einem großen flachen Topf die Zwiebel im restlichen Öl glasig dünsten, den Reis dazu geben und unter Rühren anbraten. Etwas Gemüsebrühe angießen und unter Rühren so lange bei geringer Hitze garen, bis der Reis die Brühe aufgenommen hat, dann wieder Brühe hinzufügen und rühren bis die Flüssigkeit aufgebraucht ist, wiederholen bis der Reis weich ist. Käse in eine Schüssel reiben und mit Petersilie zum Reis zugeben. Pilze samt Saft unter den Reis rühren.
6. Das Risotto mit Salz und Pfeffer abschmecken und heiß servieren.

Vegetarische Köfte mit gedünsteten Tomaten und Dip

Für 20 Portionen

Zutaten

625 g	schwarze Linsen
1,2 l	Wasser
1250 g	Bulgur
4	Zwiebeln
4 EL	Öl
200 g	Tomatenmark
1 Bund	Frühlingszwiebeln
3000 g	Tomaten

Zutaten

1 Bund	Basilikum
	Pfeffer
	Salz
500 g	Magerquark
500 g	Joghurt (1,5 % Fett)
2 Bund	Küchenkräuter
1	Knoblauchzehe

Zubereitung *

1. Schwarze Linsen in Wasser in einem Topf zum Kochen bringen. 20 Minuten kochen lassen. In den letzten 5 Minuten den Bulgur mitkochen. Anschließend die Mischung 15 bis 20 Minuten ausquellen lassen.
2. Zwiebeln schälen und klein schneiden.
3. 2 EL Öl in einer Pfanne erhitzen und die Zwiebeln darin andünsten. Tomatenmark dazugeben. Mit Pfeffer würzen und gut vermischen. Mit der Linsen-Bulgur-Mischung in eine Rührschüssel geben.
4. Frühlingszwiebeln waschen, putzen und in feine Ringe schneiden. Zum Teig geben.
5. Mit dem Knethaken des Handrührgerätes oder der Küchenmaschine alles zu einem glatten Teig verarbeiten. Mit den Händen zu kleinen Rollen verarbeiten.
6. Im Backofen bei 180 Grad 30 Minuten backen.
7. In der Zwischenzeit Tomaten waschen, putzen, die Kerne entfernen und klein würfeln.
8. In 2 EL Öl die Tomaten andünsten und mit Pfeffer und Salz würzen.
9. Basilikum waschen, abtropfen lassen, klein hacken und zu den Tomaten geben.
10. Aus Magerquark und Joghurt einen Dip rühren.
11. Küchenkräuter waschen, putzen und klein hacken und dazu geben.
12. Knoblauchzehe schälen und pressen und dazugeben. Mit Pfeffer und Salz abschmecken. Als Dip dazu reichen.

* Verändert nach: Soretz F (Hrsg): Iss dich fit! Das Kochbuch. Hannover (2007), S. 39

Spaghetti mit Tomatensoße und Salat

Für 20 Portionen

Zutaten

2 kg	Spaghetti
2,5 kg	Tomaten
5	Zwiebeln
175 g	Öl
	Pfeffer
	Salz
	Paprikapulver (edelsüß)
1,5 kg	Salat (nach Saison: Kopfsalat, Feldsalat)
100 ml	Essig
100 g	Tomatenmark

Zubereitung

1. Salzwasser im großen Topf für die Spaghetti aufsetzen.
2. Tomaten waschen, den Stielansatz ausschneiden und würfeln.
3. Zwiebeln schälen und fein würfeln.
4. 75 g Öl in einem breiten Topf erhitzen und die Zwiebeln darin glasig dünsten. Die Tomaten dazugeben und mit Pfeffer, Salz und Paprikapulver würzen. Die Tomaten auf kleiner Stufe 30 bis 40 Minuten dünsten.
5. In der Zwischenzeit Salat waschen, putzen und trockenschleudern.
6. Spaghetti im Salzwasser kochen.
7. Aus Essig, Öl, Pfeffer und Salz ein Dressing herstellen und damit den Salat anmachen.
8. Zur Soße Tomatenmark dazugeben und die Soße mit dem Pürierstab fein pürieren. Nochmal abschmecken und zu den Spaghetti und dem Salat servieren.

Spinat-Tomaten-Lasagne

Für 4 Portionen

Zutaten

400 g	Lasagneplatten
½ Bund	Frühlingszwiebeln
1–2	Knoblauchzehen
350 g	Blattspinat, tiefgekühlt, aufgetaut
800 g	Tomaten (frisch oder Dose)
	Pfeffer
	Salz
150 g	Mozzarella
200 g	geriebener Käse
	evtl. Pinienkerne
	Öl für die Auflaufform

Zubereitung *

1. Tomaten ggf. waschen, schälen und pürieren und mit Knoblauch, Salz und Pfeffer abschmecken.
2. Die Frühlingszwiebeln in Ringe schneiden und unter die Tomaten mischen.
3. Den Spinat mit Pfeffer und Salz würzen und eventuell die Pinienkerne hinzufügen.
4. Mozzarella in dünne Scheiben schneiden.
5. In eine gefettete Auflaufform abwechselnd Lasagneplatten, Tomatensauce, Spinat und Mozzarella schichten.
   Die letzte Schicht sollte aus der Tomatensauce bestehen.
6. Danach alles mit dem Käse bestreuen und im Backofen bei 180 Grad ca. 40 Minuten backen lassen.

* Verändert nach: Soretz F: Das schmeckt! Das Kochbuch zum Projekt „Iss Dich fit!" Madsack, Hannover (2011), S. 118

Spargelragout

Für 2 Portionen

Zutaten

6	kleine Kartoffeln (festkochend)
500 g	Spargel
1 Bund	Frühlingszwiebeln
100 g	Rucola
50 ml	Sahne
200 ml	Gemüsebrühe
evtl. 1 TL	Speisestärke
	weißer Pfeffer
	Salz
	Zucker
	Butter

Zubereitung

1. Zuerst den Spargel und die Kartoffeln schälen.
2. Kartoffeln in Würfel schneiden und in einem Topf mit Wasser und Salz gar kochen.
3. Spargel in ca. 4 cm lange Stücke schneiden.
4. Die Frühlingszwiebeln waschen und in Ringe schneiden.
5. Die Spargelwürfel mit den Frühlingszwiebeln zusammen in etwas Butter anschwitzen, dann mit etwas Gemüsebrühe auffüllen und köcheln lassen.
6. Wenn die Kartoffeln gar sind, abgießen und zum Spargel geben.
7. Nun sollte schon einiges an Gemüsebrühe verkocht sein. Sahne dazu geben und mit Salz und etwas Zucker abschmecken.
8. Wenn die Soße zu flüssig ist, kann man sie mit etwas in Wasser angerührter Speisestärke binden.
9. Rucola waschen und fein schneiden.
10. Das Ragout auf einem tiefen Teller anrichten und den Rucola darüber streuen. Der fein herbe Geschmack vom Rucola passt wunderbar zum Spargel.

Projekt: **DieBesserEsser Norden**

Pellkartoffeln mit Quark

Für 20 Portionen

Zutaten

3,5 kg	Kartoffeln (festkochend)
1 kg	Magerquark
100 ml	Mineralwasser
500 g	Joghurt
	Salz
	evtl. frische gehackte Kräuter
	evtl. Kümmel

Arbeitsmaterialien

1	Kochplatte
1	Topf
	Küchenwaage (5 kg)
2	Schüsseln
1	Litermaß (½ l)
1	Schneebesen

Zubereitung *

1. Kartoffeln waschen und in einen breiten Topf geben. Etwas Wasser einfüllen und eventuell mit etwas Kümmel zum Kochen bringen. Die Kartoffeln ca. 25 Minuten garen und dann in eine große Schüssel füllen.
2. Magerquark in einer Schüssel mit Mineralwasser und Joghurt mit dem Schneebesen verrühren.
3. Den Quark mit Salz abschmecken und evtl. mit frischen, gewaschenen, gehackten Kräutern verfeinern.
4. Zu diesem Gericht passt gut Rohkost.

* Verändert nach: Soretz F (Hrsg): Iss dich fit! Das Kochbuch. Hannover (2007), S. 37

Projekt: **Nachhaltige Verpflegung: Handlungsorientiertes Modell für Grundschulen**

Reibekuchen

Für 2 Portionen

Zutaten

500 g	Kartoffeln (mehlig kochend)
1	kleine Zwiebel
1	Ei
20 bis 30 g	grobe Haferflocken
	Salz
	Öl

Zubereitung

1. Kartoffeln schälen, waschen und in eine Schüssel reiben.
2. Zwiebel schälen, fein würfeln und zu den Kartoffeln geben.
3. Das Ei aufschlagen und unter die Kartoffeln rühren.
4. Haferflocken und etwas Salz ebenfalls unter die Kartoffeln heben.
5. In einer Pfanne 1 EL Öl erhitzen. Für einen Reibekuchen 2 Esslöffel der Kartoffelmasse in die Pfanne geben und etwas andrücken. Die Hitze reduzieren.
   Wenn die erste Seite goldbraun gebacken ist, den Reibekuchen umdrehen.
6. Fertige Reibekuchen auf einen Teller legen und warm stellen.

Dazu schmeckt Apfelmus!

Variationen:
- 1 Knoblauchzehe auspressen oder sehr klein würfeln und in den Teig rühren.
- Statt 500 g Kartoffeln 375 g Kartoffeln und 125 g Möhren verwenden.
- Kartoffelpuffer mit etwas Butterkäse überbacken.
- Kräuterquark zu den Reibekuchen servieren.

Projekt: **DieBesserEsser Norden**

Kartoffelpizza

Für 6 Portionen

Zutaten

500 g	Kartoffeln (festkochend)
200 g	saure Sahne
2	Eier
200 g	geriebener Käse
1 EL	Schnittlauchröllchen
1 TL	Gemüsebrühe
1 TL	Kräutersalz, Pfeffer
500 g	Rote Beete
250 g	Möhren
	Öl für die Tarteform

Arbeitsmaterialien

	Backofen, Gitterrost
	Kochplatte
1	Kochtopf
1	Küchenwaage
1	Tarteform
1	Kochlöffel
2	Schüsseln
1	Kastenreibe
1	Schaumlöffel
1	Schäl-/Gemüsemesser
1	Teigschaber
1	Schneidebrett
1	Backpinsel
2	Teelöffel
1	Esslöffel

Zubereitung *

1. Kartoffeln waschen, schälen, in eine Schüssel grob raffeln, mit 50 g saurer Sahne, Eiern, 50 g Käse, Schnittlauchröllchen, Brühe, 0,5 TL Kräutersalz und Pfeffer in einer Schüssel mischen.
2. Tarteform mit dem Backpinsel einfetten.
3. Den Kartoffelteig in der Tarteform gleichmäßig verteilen und bei 200 °C (Heißluft 180 °C) 20 Minuten vorbacken. Schüssel säubern.
4. Für den Belag rote Beete und Möhren schälen und in dünne Scheiben in die Schüssel hobeln. Anschließend im Topf in wenig Wasser kurz blanchieren.
5. 150 g saure Sahne mit ½ TL Kräutersalz in einer Schüssel mischen und auf dem vorgebackenen Teig glattstreichen. Die Pizza mit dem Gemüse belegen, mit 150 g Käse bestreuen und bei 175 Grad in ca. 25 Minuten knusprig backen.

* Verändert nach: Fachhochschule Osnabrück, WABE-Zentrum (Hrsg.): Kulinarische Grüße mit Kartoffeln aus Osnabrück! Osnabrück 2008.

Vollkorn-Lauch-Kuchen

Für 20 Portionen

Zutaten

200 g	Magerquark
60 ml	Milch
100 ml	Wasser
90 ml	Öl
2 Prisen	Salz
300 g	Weizenmehl (Type 550)
300 g	Weizenvollkornmehl
3 TL	Backpulver
3 kg	Lauch
6	Eier
450 g	saure Sahne (10 % Fett)
300 g	Schmand
	Muskat
	Pfeffer
	Salz

Zubereitung *

1. Magerquark mit Milch, 60 ml Öl und Salz verrühren.
2. Weizenvollkornmehl mit Weizenmehl (Type 550) und Backpulver mischen und unterkneten.
3. Wasser zum Teig hinzufügen. Den Teig anschließend kühl stellen.
4. Lauch waschen, putzen und in feine Streifen schneiden.
5. 30 ml Öl in einem Topf erhitzen und den Lauch darin dünsten bis der Lauch glasig wird. Mit etwas Wasser ablöschen.
6. Eier mit saurer Sahne und Schmand in einem Gefäß verrühren und mit Salz, Pfeffer und Muskat würzen.
7. Den Teig auf zwei mit Backpapier ausgelegten Backblechen ausrollen, den Lauch darauf verteilen.
8. Eimischung auf dem Lauch verteilen und bei 200 Grad 30 bis 40 Minuten backen. In 40 Stücke teilen und sofort servieren.

* Verändert nach: aid, DGE (Hrsg.): Essen und Trinken in Schulen. Bonn 2003.

Deftige Rosenkohlpfannkuchen

Für 4 Portionen

Zutaten

Für den Teig:

4	Eier
500 ml	Milch
250 g	Mehl (Type 1050)
	Muskat
	Pfeffer
	Salz
	Petersilie (gehackt)
	Schnittlauch (gehackt)

Zutaten

Für den Belag:

350 g	Rosenkohl
1	Zwiebel
50 ml	Gemüsebrühe
100 g	Butterkäse, geraspelt
2 EL	Öl zum Braten
	etwas Butter

Zubereitung

1. Das Mehl in eine Schüssel sieben.
2. Milch und Eier dazu geben und mit einem Schneebesen verrühren.
3. Mit Pfeffer, Salz, Muskat und Kräutern abschmecken. Den Teig zur Seite stellen und gehen lassen.
4. Den Rosenkohl waschen und putzen (Strunk abschneiden und jedes Röschen entblättern: die Blätter mit Hilfe eines kleinen Messers rundherum ablösen und Röschen vierteln).
5. Zwiebel schälen und in Würfel schneiden.
6. Butter in eine Pfanne geben und die Zwiebel und den Rosenkohl darin glasig andünsten.
7. Mit Salz, Pfeffer und Muskat würzen.
8. Dann mit Brühe angießen und 5 bis 7 Minuten schmoren lassen, bis die Brühe verkocht ist.
9. Rosenkohl aus der Pfanne nehmen und zur Seite stellen, Pfanne auswischen und wieder auf den Herd stellen.
10. Etwas Öl in die Pfanne geben und heiß werden lassen.
11. Nun ein Viertel des Pfannkuchenteigs in die Pfanne geben.
12. In den noch flüssigen Teig ein Viertel des Rosenkohls verteilen und von beiden Seiten braten.
13. Dann mit Käse bestreuen auf einem feuerfesten Teller oder in eine Auflaufform geben und bei ca. 100 Grad im Backofen überbacken.
    Die anderen drei Pfannkuchen auf die gleiche Weise herstellen.

Zu Rosenkohlpfannkuchen passt super ein Kräuterquark oder Frischkäse!

Ohne Kräuter, Pfeffer und Muskat kann der Teig natürlich auch für süße Pfannkuchen, Apfelpfannkuchen usw. verwendet werden.

Projekt: **DieBesserEsser Norden**

Spitzwegerich-Gemüse-Eintopf

Für 10 Portionen

Zutaten

4 EL	Öl
2	Zwiebeln
4 Stangen	Lauch
400 g	Spitzwegerichblätter
8	Möhren
700 g	Kartoffeln, mehlig kochend
800 ml	Gemüsebrühe
1 kg	Tomaten
4 EL	Estragon
	Pfeffer
	Salz

Zubereitung

1. Gemüsebrühe nach Anleitung zubereiten. Kleingeschnittenes Gemüse jeweils auf Ablageteller geben:
2. Zwiebeln schälen und in kleine Würfel schneiden.
3. Lauch waschen, putzen und in dünne Ringe schneiden.
4. Spitzwegerichblätter waschen und klein schneiden.
5. Möhren waschen, schälen und in dünne Scheiben schneiden.
6. Kartoffeln schälen, waschen und in Würfel schneiden.
7. Öl in einen großen Kochtopf erhitzen, Zwiebel, Lauch und Spitzwegerichblätter 5 Minuten im heißen Öl leicht anbräunen.
8. Möhren und Kartoffeln zugeben und unter Rühren einige Minuten mit dünsten.
9. Das Gemüse mit der Brühe angießen und zum Kochen bringen, zugedeckt köcheln lassen.
10. Tomaten waschen, klein schneiden und zum restlichen Gemüse in den Topf geben und fertig garen. Zwischendurch umrühren.
11. Estragon waschen, kleinschneiden, in den Topf geben und unterrühren. Mit Pfeffer und Salz abschmecken.

Apfelpfannkuchen (Vollkorn)

Für 2 Portionen

Zutaten

2	Eier
200 g	Vollkornmehl
200 ml	Milch
2	kleine Äpfel
1 EL	Öl

Zubereitung

1. Eier trennen – das Eigelb in eine Rührschüssel geben und das Eiweiß in ein hohes Rührgefäß. Das Eiweiß steif schlagen und zur Seite stellen.
2. Das Eigelb mit Mehl und Milch zu einem glatten Teig verrühren und ruhen lassen.
3. Äpfel waschen, schälen, vierteln und das Kerngehäuse entfernen. Die Apfelviertel in dünne Scheiben schneiden.
4. Den Eischnee unter den Teig heben.
5. Öl in einer beschichteten Pfanne erhitzen. Eine Hälfte des Teiges langsam in die Pfanne gießen, bis der Boden bedeckt ist. Apfelscheiben sofort in den Teig drücken.
6. Bei geringer Hitze den Teig goldbraun backen, anschließend mit dem Pfannenheber den Pfannkuchen vorsichtig wenden und ebenfalls goldbraun backen. Warm stellen.
7. Den zweiten Pfannkuchen genauso zubereiten. Heiß servieren.

Besonders lecker schmecken die Pfannkuchen mit Ahornsirup oder mit Zimt und Zucker! Statt Äpfel können auch andere Obstsorten wie z. B. Heidelbeeren, Johannisbeeren, Bananen usw. verwendet werden.

Projekt: **DieBesserEsser Norden**

Seelachsspieß mit Tomatenreis

Für 20 Portionen

Zutaten

800 g	Naturreis
3 kg	Seelachsfilet
1	Zitrone
	Salz
1 Bund	Dill
600 g	Champignons
600 g	Paprika (rot, gelb, grün)
400 g	Öl
400 g	Zwiebeln
20 g	Tomatenmark
2,4 kg	Schältomaten (Konserve)
10 g	Knoblauch (frisch)
	Thymian
	Pfeffer

Zubereitung *

1. Naturreis mit 1600 ml Wasser in einen Topf geben. Das Wasser zum Kochen bringen. Dann auf kleinste Stufe zurückschalten und 40 Minuten garen.
2. Seelachsfilet waschen, in walnussgroße Würfel schneiden und in eine Schüssel geben.
3. Zitrone auspressen und den Fisch mit dem Zitronensaft beträufeln und salzen.
4. Dill putzen, waschen, trockenschütteln und klein schneiden. Den Fisch mit den Dillspitzen würzen.
5. Champignons mit einem feuchten Küchenpapier abreiben. Die Champignons nach Größe halbieren oder vierteln.
6. Gemüsepaprika waschen, putzen und in grobe Stücke schneiden.
7. Champignons und Paprika abwechselnd mit dem Fisch auf Holzspieße stecken.
8. Öl in einer Pfanne erhitzen und die Spieße darin anbraten. Die Spieße aus der Pfanne nehmen und warm stellen.
9. Zwiebeln schälen und würfeln. Im restlichen Fett mit Knoblauch in der Pfanne andünsten. Tomatenmark und Schältomaten (Konserve) dazugeben. Mit Salz, Thymian und Pfeffer würzen.
10. Die Soße aufkochen, evtl. pürieren und mit den Spießen und dem Reis servieren.

* Verändert nach: aid, DGE (Hrsg.): Essen und Trinken in Schulen. Bonn 2003.

Nudelauflauf mit Seelachs, Möhren und Brokkoli

Für 20 Portionen

Zutaten

1,5 kg	Nudeln (z. B. Fusilli, Farfalle)
400 g	Zwiebeln
1,2 kg	Möhren
80 g	Öl
	Pfeffer
	Salz
1,2 kg	Brokkoli
2 kg	Seelachsfilet (evtl. tiefgekühlt und aufgetaut)
1	Zitrone
300 g	Gouda
	Öl zum Fetten der Form oder des Blechs

Zubereitung

1. Nudeln in Salzwasser in einem Topf nach Anleitung garen.
   Die Nudeln sollen noch bissfest sein. Nudeln abschütten und kurz abschrecken.
2. Zwiebeln schälen und würfeln.
3. Möhren waschen, putzen, schälen und in dünne Scheiben schneiden.
4. Brokkoli putzen, waschen und in kleine Röschen teilen. Die Brokkoliröschen in einen Topf geben und ca. 5 Minuten in Salzwasser blanchieren. Danach kurz kalt abschrecken.
5. Öl in einer Pfanne erhitzen. Zwiebeln und Möhren dazugeben und auf kleine Stufe zurückschalten. Unter ständigem Rühren das Gemüse dünsten. Mit etwas Wasser das Gemüse ablöschen und mit Pfeffer und Salz würzen. Auf kleiner Stufe zugedeckt bissfest dämpfen.
   Anschließend von der Kochstelle nehmen und beiseite stellen.
6. Seelachsfilet waschen, mit Zitronensaft beträufeln, mit Pfeffer und Salz würzen und in mundgerechte Stücke schneiden.
7. Die Nudeln mit dem Gemüse und dem Fisch vermischen und in ein eingefettetes tiefes Blech oder eine große Auflaufform geben.
8. Gouda reiben. Den Auflauf mit dem Käse bestreuen und im Backofen bei 180 Grad ca. 30 bis 40 Minuten garen.

* Verändert nach: aid, DGE (Hrsg.): Essen und Trinken in Schulen. Bonn 2003.

Lachslasagne mit Gemüse

Für 10 Portionen

Zutaten

1 kg	Lachsfilet
200 g	Zwiebeln
6 g	Knoblauch
80 g	Butter
500 g	Möhren
200 g	Lauch
500 g	Brokkoli
1 Bund	Petersilie

Zutaten

50 g	Mehl
125 g	saure Sahne
1 l	Milch (1,5 % Fett)
600 g	Lasagneblätter
1	Zitrone (unbehandelt)
250 g	junger Gouda, gerieben
	Muskat
	Pfeffer (schwarz)
	Salz
	Öl zum Fetten der Auflaufform

Zubereitung *

1. Zitrone waschen und auspressen.
2. Lachs säubern, mit dem Zitronensaft säuern, salzen, pochieren (in wenig Wasser garziehen lassen) und in mundgerechte Stücke zerteilen.
3. Zwiebeln und Knoblauchzehen schälen und fein würfeln. In einem Topf in 50 g Butter andünsten.
4. Möhren, Lauch und Brokkoli putzen, waschen, klein schneiden und nacheinander in den Topf geben, garen bis alles knapp bissfest ist.
5. Petersilie waschen, putzen, klein schneiden und zum Gemüse geben. Alles gut durchmischen und mit Pfeffer und Salz würzen.
6. Für die Bechamelsoße 30 g Butter erhitzen und Mehl einrühren.
7. Milch und saure Sahne unter Rühren zugießen, aufkochen lassen und mit etwas abgeriebener Zitronenschale, Salz und Muskat abschmecken.
8. Eine Auflaufform mit Öl fetten und etwas Soße hineingießen.
9. Eine Schicht Lasagneblätter darüber legen. Darauf ein Teil des Gemüses und anschließend einen Teil des Lachses schichten. Mit einem Teil des Käses bestreuen. Mit etwas Soße begießen. Diesen Vorgang dreimal wiederholen. Zum Schluss mit Soße abdecken und mit Käse bestreuen. Im Ofen ca. 45 Minuten bei 200 Grad backen.

* Verändert nach: aid, DGE (Hrsg.): Essen und Trinken in Schulen. Bonn 2003.

Zur Farbgestaltung können grüne Lasagneblätter eingesetzt werden.

Helgoländer Rotbarschschnitten

Für 10 Portionen

Zutaten

600 g	Rotbarsch, frisch
1	Zitrone
	Salz
1	Zwiebel
2 EL	Tomatenmark
2 EL	saure Sahne
	Pfeffer
40 g	Gouda, gerieben
	Öl zum Fetten der Form

Zubereitung *

1. Den frischen Rotbarsch waschen, mit Zitronensaft beträufeln und ca. 10 Minuten stehen lassen.
2. Danach den Fisch längs durchscheiden.
3. Die Zwiebel schälen und reiben.
4. Aus Zwiebeln, Tomatenmark, saurer Sahne, Salz und Pfeffer eine Paste herstellen.
5. Die Hälfte der Paste auf die eine Hälfte des Fisches streichen, die andere Hälfte des Fischfilets darauf setzen und die Oberfläche mit der restlichen Paste bestreichen.
6. Den Fisch in eine ofenfeste, gefettete Form geben und mit dem geriebenen Käse bestreuen.
7. Bei 200 Grad 15 bis 20 Minuten im Backofen goldgelb backen und herausnehmen.
8. Dazu eignen sich als Beilage Reis oder Kartoffeln.

* Verändert nach: Soretz F: Das schmeckt! Das Kochbuch zum Projekt „Iss Dich fit!“ Madsack, Hannover (2011), S. 97

Fischgulasch

Für 4 Portionen

Zutaten

500 g	frisches Fischfilet (z. B. Seelachs, Kabeljau, Dorsch, Rotbarsch)
1	Zitrone
je 1	rote, grüne und gelbe Paprika
2	kleine Zwiebeln
2	Tomaten
30 g	roher Schinken
2 EL	Öl
2 EL	Tomatenmark
	Paprikapulver, edelsüß
	Pfeffer
	Salz
	Kräuter der Provence (Thymian, Rosmarin, Basilikum, Oregano)

Zubereitung *

1. Den Fisch waschen, abtupfen, in große Würfel schneiden und mit Zitronensaft beträufeln.
2. Paprika waschen und putzen, Zwiebeln schälen und beides in große Würfel schneiden.
3. Wasser aufsetzen, die Stielansätze der Tomaten entfernen und die Tomaten an der Unterseite kreuzweise einschneiden. Die Tomaten einige Sekunden ins heiße Wasser geben und danach kalt abspülen, die Haut abziehen, die Kerne mit einem Löffel entfernen und den Rest der Tomate in kleine Würfel schneiden.
4. Schinken in Streifen schneiden und mit etwas Öl in einer Pfanne anbraten. Paprika und Zwiebelwürfel hinzugeben und alles bissfest dünsten. Dann Tomatenwürfel und Tomatenmark hinzugeben und 5 Minuten schmoren lassen – bei Bedarf Wasser hinzugeben. Anschließend mit den Gewürzen abschmecken.
5. Den Fisch auf das Gemüse legen und 15 Minuten bei geschlossenem Deckel und geringer Hitze ziehen lassen. Danach den Fisch vorsichtig unter das Gemüse heben und servieren.

Als Beilagen eignen sich Reis oder Kartoffeln.

* Verändert nach: Soretz F.: Das schmeckt! Das Kochbuch zum Projekt „iss dich fit!“. Hannover 2011.

Fischburger

Für 4 Portionen

Zutaten

Für den Burger:

8–12	Fischstäbchen
einige	Salatblätter z. B. Römersalat
1	Tomate
4	Mehrkornbrötchen

Zutaten

Für den Avocadoaufstrich:

2	reife Avocados
1 TL	Zitronensaft
1	kleine Tomate
1	kleine Zwiebel
1 Bund	Petersilie
1	Knoblauchzehe

Zubereitung *

1. Die Fischstäbchen im Backofen nach Packungsanleitung zubereiten. In der Zwischenzeit die Avocadocreme herstellen.
2. Avocados waschen, halbieren und entsteinen.
   Das Fruchtfleisch mit einem Löffel aus der Schale lösen, mit einer Gabel zerdrücken oder pürieren.
   Anschließend das Avocadomus mit Zitronensaft beträufeln.
3. Eine Tomate waschen, abtrocknen, vom Stielansatz befreien, klein würfeln und zum Aufstrich geben.
4. Die Zwiebel schälen, fein hacken und hinzufügen.
5. Die Petersilie waschen, trocknen, feinhacken und unterrühren.
6. Knoblauch schälen, durch die Presse drücken, zum Aufstrich geben und verrühren.
7. Mit Pfeffer und Salz abschmecken.
8. Den Salat waschen, trockenschleudern und die Blätter auseinanderzupfen.
9. Eine Tomate waschen und in Scheiben schneiden.
10. Die Brötchen aufschneiden, die Unterseite mit Avocadocreme bestreichen, den Salat und die Tomatenscheiben darauf verteilen und darauf zwei bis drei Fischstäbchen legen.
    Einen Löffel Avocadocreme auf die Fischstäbchen geben, die obere Brötchenhälfte darauf klappen und sofort servieren.

* Verändert nach: Soretz F: Das schmeckt! Das Kochbuch zum Projekt „Iss Dich fit!“ Madsack, Hannover (2011), 100

Zitronenrisotto mit gebratener Putenbrust und Brokkoli

Für 2 Portionen

Zutaten

2	kleine Zwiebeln
1	kleine Knoblauchzehe
1 TL	Öl
80 g	Risotto-Reis
400 ml	Gemüsebrühe
500 g	Brokkoli
70 g	Parmesan
1	Zitrone
1,5 l	Wasser
2 Stücke	Putenbrust
	Muskat
	Pfeffer
	Salz

Was ist ein Risotto-Reis?

Die bekanntesten Risotto-Reis-Sorten sind Arborio, Vialone und Carnaroli, die auch für Risotto zu bevorzugen sind.

Anderer Rundkornreis wie Milchreis ist grundsätzlich auch geeignet, aber meist von schlechterer Qualität.

Langkornreis ist für Risotto nicht geeignet.

Zubereitung*

1. Zwiebeln schälen, in Würfel schneiden. Knoblauch schälen und mit einer Knoblauchpresse zerdrücken.
2. Wasser für den Brokkoli in einem Topf zum Kochen bringen.
3. In einer Pfanne die Zwiebeln in Öl anschwitzen.
4. Reis und Knoblauch zu den Zwiebeln geben und kurz anschwitzen. Mit Gemüsebrühe ablöschen.
5. Nur so viel Brühe hinzugeben, dass der Reis leicht bedeckt ist! Reis immer wieder umrühren und immer wieder Brühe zugeben und einkochen lassen bis der Reis gar ist (ca. 20 Minuten).
6. In der Zwischenzeit Brokkoli putzen. Die Röschen vom Stiel entfernen, alles auf eine Größe bringen und Brokkoli in Salzwasser bissfest garen.
7. Parmesan reiben und zusammen mit Zitronensaft zu dem fertigen Reis geben.
8. In eine heiße Pfanne etwas Öl geben und die ungewürzten Putensteaks von beiden Seiten scharf anbraten (Salz würde zu viel Wasser aus dem Fleisch ziehen, es fängt dann schnell an zu kochen und wird zäh!).
9. Vor dem Servieren wird der Brokkoli mit Salz und Muskat, das Fleisch mit Salz und Pfeffer gewürzt.
10. Risotto in die Mitte eines Tellers geben, Brokkoli an den Seiten verteilen und das Putensteak oben drauf legen.

Projekt: **DieBesserEsser Norden**

Puten-Wraps mit Ananas

Für 4 Portionen

Zutaten

Für die Wraps:

250 g	Weizenmehl (Type 1050)
1 TL	Salz
10 g	frische Hefe
4 EL	Öl
150 ml	Wasser

Für den Dip:

6 EL	Quark
6 EL	Sahne
6 EL	süße Chilisauce
1 EL	Curry
	Pfeffer, Salz

Zutaten

Für die Füllung:

200 g	Putenbrust
1 EL	Öl
150 g	frische Champignons
2 Scheiben	Ananas
4–6	Salatblätter, z. B. Eisbergsalat

Wraps können mit Thunfisch gefüllt werden, wenn man kein Fleisch mag, oder in der vegetarischen Variante einfach mit Salatgurke, Paprika, Oliven, Frühlingszwiebeln oder Schafkäse.

Wenn es schnell gehen muss, kann man auch einen etwas festeren Pfannkuchenteig herstellen. Das geht schneller, denn der Teig muss nicht ruhen.

Zubereitung

Teig

1. Mehl in eine Schüssel geben und eine Mulde hinein drücken.
2. Hefe in einem Schälchen mit ca. 150 ml lauwarmen Wasser, Salz und Öl verrühren und in die Mulde geben.
3. Nun mit den Knethacken eines Handrührgeräts einen nicht klebrigen, weichen Teig herstellen. Diesen zu einer Kugel formen und 1 Stunde, zugedeckt, an einem warmen Ort gehen lassen. (Der Teig sollte etwa doppelt so groß werden!)
4. Danach den Teig nochmals durchkneten und in 8 Stücke aufteilen. Diese werden, auf einer mit Mehl bestäubten, Arbeitsfläche dünn ausgerollt.
5. Eine große Pfanne ohne Fett erhitzen. Gebraten werden die Teigfladen/Wraps von jeder Seite so lange, bis sie Blasen werfen (nicht zu hart werden lassen damit man sie besser rollen kann).

Dip

6. Den Quark in eine Schüssel geben und mit der Sahne, Chilisauce und den Gewürzen verrühren und abschmecken.

Füllung

7. Fett in einer Pfanne erhitzen, Fleisch in dünne Streifen schneiden und unter Wenden 4 bis 6 Minuten lang braten.
8. Champignons putzen, dünn schneiden und zum Fleisch geben.
9. Ananas würfeln, den Salat waschen und kleinschneiden.
10. Fladen dünn mit dem Dip bestreichen und mit den Zutaten belegen. Es sollte ein Rand von 3 cm frei bleiben. Teigränder über die Füllung legen und von unten mit leichtem Druck aufrollen.

Projekt: **DieBesserEsser Norden**

Tagliatelle mit Zucchini, gebratener Hähnchenbrust und Rucola

Für 2 Portionen

Zutaten

2	Tomaten
1	Zwiebel
50 g	Rucola
1	mittelgroße Zucchini
2 Stücke	Hähnchenbrust
2 EL	Öl
250 g	Tagliatelle
60 ml	Sahne
250 ml	Gemüsebrühe

Zutaten

	geraspelter Parmesan
1 EL	Speisestärke
	Pfeffer
	Salz
	Zucker

Zubereitung *

1. 1 bis 2 Liter Wasser für die Nudeln in einem Topf zum Kochen bringen.
2. Ofen auf 180 Grad vorheizen.
3. Zucchini waschen und in Scheiben schneiden.
4. Zwiebel schälen und klein schneiden.
5. Rucola waschen und schneiden.
6. Bei den Tomaten den Strunk rausschneiden und sie anritzen.
7. Sobald das Wasser für die Nudeln kocht, Tomaten ins kochende Nudelwasser geben und nach zehn Sekunden wieder herausnehmen. Tomaten unter kaltem Wasser „abschrecken". Danach mit einem scharfen Messer die Haut abziehen und die Tomaten würfeln.
8. Die Tagliatelle in das kochende Wasser geben und nach Packungsanweisung kochen.
9. Etwas Öl in eine heiße Pfanne geben und die Hähnchenbrust von beiden Seiten darin scharf anbraten. Dann das Fleisch aus der Pfanne nehmen und es im Ofen bei 180 Grad ruhen lassen.
10. Das vorbereitete Gemüse (Tomaten, Zucchini und Zwiebeln) in etwas Öl anbraten.
11. Wenn das Gemüse eine schöne Farbe hat, würzen, Gemüsebrühe zugeben und zum Kochen bringen.
12. Gebunden wird die Soße mit etwas in Wasser angerührter Speisestärke.
13. Mit Pfeffer und Salz abschmecken und zum Schluss die Sahne dazugeben.
14. Die Nudeln auf einem Teller anrichten und die Gemüsesoße darüber geben. Die Hähnchenbrust in drei Stücke schneiden und ringsum anrichten. Zum Schluss mit Tomaten, Parmesan und Rucola garnieren.

Projekt: **Projekt: DieBesserEsser Norden**

Spitzkohl-Möhren-Gemüse in Meerrettichsahne

Für 4 Portionen

Zutaten

1	Spitzkohl
300 g	Möhren
4	Kartoffeln (festkochend)
200 g	Rinderhackfleisch
50 ml	Wasser
1 EL	Speisestärke
2 EL	Sahne-Meerrettich aus dem Glas
100 ml	Sahne
	Salz
	Pfeffer
	Muskat

Zubereitung

1. Spitzkohl waschen, vierteln, Strunk rausschneiden, welke Blätter entfernen und den Kohl in dünne Streifen schneiden.
2. Möhren waschen, schälen und in dünne Scheiben schneiden.
3. Kartoffeln waschen, schälen und in Würfel schneiden.
4. Kartoffelwürfel in einem Topf mit Salzwasser 8 Minuten kochen, dann Möhren und Spitzkohl dazugeben, weitere 10 Minuten köcheln lassen.
5. Inzwischen das Hackfleisch in einer heißen Pfanne krümelig anbraten.
6. Die Speisestärke mit 50 ml kaltem Wasser in einen Schüttelbecher füllen, das Gefäß verschließen und kräftig schütteln bis keine Klümpchen mehr vorhanden sind.
7. Wenn das Gemüse gar ist, wird es mit der angerührten Stärke gebunden. Einmal kurz aufkochen lassen.
8. Nun werden das Hackfleisch, der Meerrettich und die Sahne zu dem Gemüse gegeben. Vorsichtig umrühren!
9. Den Eintopf mit Salz, Pfeffer und Muskat abschmecken!

Projekt: **DieBesserEsser Norden**

Reispfanne

Für 2 Portionen

Zutaten

1–2 EL	Öl
200 g	Rinderhack
2	Zwiebeln
1	rote Paprika
1	grüne Paprika
250 ml	Wasser
1 TL	Brühepulver
6 EL	Langkornreis (Naturreis)
2	Tomaten
3 EL	Tiefkühl-Erbsen
	Pfeffer
	Salz

Zubereitung

1. Das Hackfleisch in eine Pfanne mit heißem Öl geben und krümelig anbraten.
2. Zwiebeln schälen, würfeln und zu dem Hackfleisch in die Pfanne geben.
3. Paprika putzen, waschen, würfeln und ebenfalls in die Pfanne geben und andünsten.
4. Gemüsebrühe zur Gemüse-Hackfleisch-Mischung hinzufügen, verrühren und aufkochen lassen.
5. Den Langkornreis waschen, in die Pfanne geben und 20 Minuten quellen lassen.
6. Tomaten waschen, würfeln und in die Pfanne geben.
7. Nach 10 Minuten auch die Tiefkühlerbsen dazu geben. Fertig garen.
8. Mit Salz und Pfeffer die Reispfanne abschmecken.

Projekt: **DieBesserEsser Norden**

Spaghetti Bolognese

Für 2 Portionen

Zutaten

2 l	Wasser
1	Zwiebel
½ Bund	Suppengrün
200 g	Rinderhack
1	kleine Dose geschälte Tomaten
200 g	Spaghetti
	frisches Basilikum
	Pfeffer
	Salz
	Zucker

Zubereitung

1. In einem Topf Wasser zum Kochen bringen.
2. Zwiebel schälen, klein würfeln und zur Seite stellen.
3. Suppengrün putzen, waschen, sehr klein schneiden und zur Seite stellen.
4. In einer Pfanne Hackfleisch krümelig anbraten.
5. Zu dem Hackfleisch die geschälten Tomaten hinzufügen.
   Mit Pfeffer, Salz und einer Prise Zucker abschmecken.
6. Basilikum waschen, trocknen und ein paar Blätter kleinschneiden.
   Mit dem Suppengrün zur Soße geben.
7. Spaghetti in kochendes Salzwasser geben, bissfest garen und abgießen.
8. Spaghetti auf einen Teller geben und darauf die Soße verteilen.

Projekt: **DieBesserEsser Norden**

Gefüllte Paprikaschoten

Für 2 Portionen

Zutaten

2	Paprika
200 g	Rinderhack
1 TL	Salz
	Pfeffer
	Thymian
	Rosmarin
	Zucker
½	Zwiebel
2 EL	gehackte Kräuter
100 g	Butterkäse
1	kleine Dose geschälte Tomaten
	Öl zum Fetten der Auflaufform

Zubereitung

1. Paprika waschen, Schote längs halbieren und aushöhlen.
2. Hackfleisch mit Pfeffer, Thymian, Rosmarin und ½ TL Salz in einer Schüssel vermischen.
3. Zwiebel schälen, fein würfeln und zusammen mit den gehackten Kräutern unter das Hackfleisch mischen.
4. Butterkäse ggf. von der Rinde trennen, reiben und ebenfalls mit dem Hackfleisch vermengen.
5. Die Hackfleischmasse in die vorbereiteten Paprikahälften füllen und in eine gefettete Auflaufform legen.
6. Geschälte Tomaten mit Pfeffer, einer Prise Zucker und einem halben TL Salz vermengen und über die gefüllten Paprikahälften gießen.
7. Die Auflaufform in den Backofen schieben und das Gericht bei 200 Grad ca. 40 Minuten backen.

Die Hackfleischmasse kann mit einer geraspelten Möhre und gekochtem (Vollkorn-)Reis verlängert werden. Als Füllung eigenen sich auch Tomaten, Kohlrabi, Pilze, Zucchini oder Kartoffeln.

Projekt: **DieBesserEsser Norden**

Schnelle Nudelpfanne

Für 2 Portionen

Zutaten

1,2 l	Wasser
1 TL	Salz
150 g	Vollkornnudeln
200 g	Rinderhack
2	Zwiebeln
2	Möhren
	Pfeffer
	Salz
	Sojasauce
8 EL	Erbsen (Dose)
8 EL	frische Champignons (oder Mais/Paprika)
2 EL	Öl

Zubereitung

1. Wasser mit einem TL Salz in einem Topf zum Kochen bringen. Vollkornnudeln hinein geben und ca. 15 Minuten kochen.
2. In der Zwischenzeit Rinderhack in einer Pfanne krümelig anbraten.
3. Zwiebeln schälen und würfeln.
4. Möhren waschen, schälen und in Scheiben schneiden.
5. Zwiebeln und Möhren zu dem Hackfleisch in die Pfanne geben und mit Öl andünsten. Mit Pfeffer und Salz abschmecken. Dann 200 ml Wasser hinzu geben und bei geringer Hitze mit Deckel kochen lassen.
6. Champignons putzen, in Scheiben schneiden und zusammen mit den Erbsen in die Pfanne geben.
7. Alles kurz aufkochen lassen.
8. Nudeln vorsichtig abgießen, unter das Fleisch rühren und mit Sojasoße, Salz und Pfeffer abschmecken.

Dazu schmeckt ein Rohkostsalat.

Projekt: **DieBesserEsser Norden**

Hamburger mit Frischkäsedip

Für 20 Portionen

Zutaten

5	Eier
1,25 kg	Rinderhack
300 g	Semmelbrösel
etwas	Milch
	Pfeffer
	Salz
5	Zwiebeln
2 TL	Öl
8	Tomaten
2	Schlangengurken
1	Kopfsalat
20	Brötchen
400 g	Frischkäse
4 EL	Mineralwasser
	Paprikapulver
	Kräuter

Zubereitung

1. Eier am Schüsselrand aufschlagen und in die Schüssel gleiten lassen.
2. Hackfleisch mit den Eiern verrühren.
3. In eine Tasse Semmelbrösel geben und in etwas Milch einweichen.
4. Die Semmelbröselmasse zum Hackfleisch geben und verkneten. Die Masse mit Pfeffer und Salz würzen.
5. Zwiebeln schälen, in feine Stücke schneiden und unter die Hackfleischmischung mengen.
6. Die Masse in 20 gleiche Stücke teilen und Burger daraus formen.
7. In einer Pfanne 2 TL Öl erhitzen und die Burger auf jeder Seite etwa 5 Minuten lang braten. Den Vorgang wiederholen, bis alle Burger gebraten sind.
8. In der Zwischenzeit Tomaten waschen, den Stielansatz entfernen und in Scheiben schneiden.
9. Schlangengurken waschen und in Scheiben schneiden.
10. Kopfsalat waschen und trocken schleudern.
11. Für den Frischkäsedip Frischkäse mit Mineralwasser glattrühren und mit Pfeffer, Salz und Paprikapulver würzen. Kräuter waschen, hacken und unter den Frischkäse heben.
12. Brötchen halbieren. Jede Unterseite mit Frischkäsedip bestreichen, mit Salatblatt und einem Burger belegen. Gurke und Tomate gleichmäßig verteilen und mit den Brötchendeckeln abschließen.

Projekt: **DieBesserEsser Norden**

Erdbeer-Dessert „Leuchtturm“

Für 10 Portionen

Zutaten

2 kg	Magerquark
600 g	Joghurt (1,5 % Fett)
8 TL	Zitronensaft
8 Päckchen	Vanillezucker
600 g	Löffelbiskuit
2 kg	Erdbeeren

Arbeitsmaterialien

2	große Schüsseln
1	Teelöffel
1	Rührlöffel
1	Schneidebrett
1	Schäl-/Gemüsemesser
1	Sieb
	Teigschaber
2–3	Glasschalen zum Anrichten
2–3	Esslöffel

Zubereitung

1. Magerquark mit Joghurt, Zitronensaft und Vanillezucker in der großen Schüssel vermengen.
2. Löffelbiskuit in einer neuen Schüssel grob zerbröseln.
3. Erdbeeren waschen, das Grüne entfernen und vierteln (ein paar Erdbeeren zum Verzieren übrig lassen).
4. Erdbeeren, Keksbrösel und Quark abwechselnd in Schüsseln anrichten. Mit den übrigen Erdbeeren garnieren.

Projekt: **Obst und Gemüse im Schulalltag**

Brombeerkompott

Für 20 Portionen

Zutaten

1 kg	vollreife Brombeeren
6 EL	Zucker
	Honig
250 ml	Wasser

Arbeitsmaterialien

1 Kochplatte
1 Topf (22 cm)
1 großes Sieb
1 große Schüssel
1 Rührlöffel
1 Esslöffel
1 Litermaß (½ l)

Zubereitung

1. Brombeeren sorgfältig verlesen und anschließend waschen.
2. Wasser mit Zucker zum Kochen bringen.
   Die Brombeeren dazugeben und bei geringer Hitze die Beeren weich kochen.
   Mit Zucker oder Honig nach Geschmack nachsüßen und in Glasschüsseln füllen.

Projekt: **Heimische Wildpflanzen im Alltag**

Obstspieße mit Joghurt

Für 20 Portionen

Zutaten

3 kg	Obst (nach Saison, z. B. Erdbeeren, Trauben, Kirschen)
3 kg	Joghurt (3,5% Fett)
3 EL	Honig

Arbeitsmaterialien

	evtl. Kirschsteinentferner
	Schneidebrett
	Schäl-/Gemüsemesser
1	große Schüssel
3	Schüsseln
4	Esslöffel
1	Platte zum Anrichten oder mehrere Glasschüsseln
20	Schaschlikspieße (aus Holz oder Metall zum Wiederverwenden)
1	Rührlöffel
1	Sieb

Zubereitung

1. Joghurt mit Honig in der großen Schüssel mit dem Rührlöffel verrühren und beiseite stellen.
2. Obst waschen. Die Erdbeeren putzen. Große Erdbeeren halbieren und in eine Schüssel geben. Trauben vom Stiel entfernen, die großen Trauben halbieren, ggf. entkernen, in eine Schüssel geben.
3. Kirschen mit dem Kirschsteinentferner entsteinen und in eine Schüssel geben.
4. Die Obststücke aufspießen und auf einer Platte anrichten oder die Obststücke in Schüsseln geben und jedes Kind seinen eigenen Spieß herstellen lassen. Dazu den Joghurt reichen.

Frischer Obstsalat mit Vanillesoße

Für 10 Portionen

Zutaten

2 kg	Obst der Saison (im Herbst z. B.: Weintrauben, Äpfel, Ananas, Bananen, Mango)
etwas	Zitronensaft
	Honig
	evtl. Walnusskerne
1 Päckchen	Puddingpulver
1 l	Milch
40 g	Zucker

Arbeitsmaterialien

1	Kochplatte
1	Kochtopf
1	Schneebesen
	Schneidebrett
	Schäl-/Gemüsemesser
1	Zitronenpresse
1	Sieb
1	große Schüssel
1	kleine Schüssel
1	Krug (1,5 l)

Zubereitung

1. Obst waschen, in gleich große Stücke schneiden und in einer Schüssel mit Honig und Zitronensaft abschmecken. Wenn man mag, mit Walnüssen dekorieren.
2. Für die Vanillesoße das Puddingpulver mit Milch und Zucker nach Packungsanleitung mit dem Schneebesen zubereiten und in den Krug füllen.
3. Mit dem Obstsalat servieren.

Projekt: **DieBesserEsser Norden**

Joghurt mit Walderdbeeren und Wasserminze

Für 10 Portionen

Zutaten

1 kg	Naturjoghurt
ca. 1 TL	Zucker
400 g	frische Walderdbeeren
Blätter von 5 bis 6	frischen Wasserminzen

Arbeitsmaterialien

1	Sieb
1	große Glasschüssel
1	großer Löffel
1	Teelöffel

Zubereitung

1. Walderdbeeren gründlich waschen und 200 g mit der Hälfte des Joghurts verrühren, nach Belieben mit Zucker süßen. Den Erdbeerjoghurt in die Glasschüssel füllen. Restlichen Joghurt darüber verteilen.
2. 200 g ganze Walderdbeeren als Dekoration auf den Joghurt geben. Junge Blättchen der Wasserminze vom Stängel abziehen, vorsichtig waschen, abtropfen lassen und den Joghurt damit dekorieren.

Vanille-Quarkspeise

Für 10 Portionen

Zutaten

30 g	Puddingpulver (Vanille)
400 ml	Milch (3,5 % Fett)
100 g	Zucker
1000 g	Magerquark

Zubereitung

1. Pudding nach Packungsanleitung mit Milch und Zucker kochen.
   Den fertigen Pudding auf Zimmertemperatur abkühlen lassen.
2. Magerquark in eine Rührschüssel füllen, den Pudding dazu geben und so lange verrühren, bis eine cremige Masse entsteht! Kalt servieren.

Projekt: **DieBesserEsser Norden**

Milchreis mit Beeren

Für 20 Portionen

Zutaten

1,2 kg	Rundkornreis
375 g	Zucker
5 l	Milch
1 Päckchen	Vanillezucker
1 Prise	Salz
etwas	Zimtpulver
2 kg	gemischte Beeren (z. B. Heidelbeeren, Erdbeeren, schwarze und rote Johannisbeeren)

Arbeitsmaterialien

1	Kochplatte
1	Topf (7 l)
1	Küchenwaage
1	Sieb
1	Kochlöffel
	Schäl-/Gemüsemesser
	Schneidebrett
4	große Schüsseln
4	Esslöffel

Zubereitung *

1. Rundkornkreis abwiegen und in einen großen Topf geben.
2. Zucker, Milch, Vanillezucker, Salz und Zimtpulver dazugeben, unterrühren und zum Kochen bringen. Danach den Reis 30 Minuten quellen lassen, zwischendurch immer wieder umrühren.
3. In der Zwischenzeit Beeren waschen und putzen, große Erdbeeren halbieren.
4. Den Milchreis mit den Früchten in Schüsseln anrichten.

* Verändert nach: IGLO Ernährungsforum: Jetzt kochen wir! Hamburg. o. J.

Erdbeer-Muffins

Für 24 Portionen

Zutaten

520 g	Mehl
2 Päckchen	Backpulver
2 Prisen	Salz
400 g	Erdbeeren
2	Eier
360 g	Zucker
200 ml	Öl
500 g	Joghurt

Arbeitsmaterialien

	Backofen (Heißluft)
1	Handrührgerät oder Küchenmaschine mit Rührschüssel
1	Küchenwaage
	Muffinform für 24 Stück
24	Papierförmchen
1	Litermaß (½ l)
1	Esslöffel
	Schneidebrett
	Schäl-/Gemüsemesser

Zubereitung

1. Mehl mit Backpulver und Salz in der Schüssel vermengen.
2. Eier, Zucker, Öl und Joghurt zum Mehl geben und zu einem Teig verarbeiten.
3. Erdbeeren waschen, trocken tupfen und in kleine Würfel schneiden.
   Dann vorsichtig unter den Teig heben.
4. Papierförmchen in Muffinform setzen, den Teig gleichmäßig verteilen.
   Förmchen zu zwei Dritteln füllen und im Backofen bei 160 Grad Heißluft 20 bis 25 Minuten backen.

Projekt: **Obst und Gemüse im Schulalltag**

Süße Kartoffelklöße mit Zimtzucker

Für 4 Portionen

Zutaten

2 Kartoffeln (mehlig kochend)

1 Ei

Mehl

Zimt

Zucker

Arbeitsmaterialien

1 Kochplatte

1 Kochtopf

1 Schüssel

1 Gabel

1 Stampfer

1 Schaumkelle

2 große Suppenteller

1 Esslöffel

Zubereitung *

1. Kartoffeln waschen, als Pellkartoffeln mit wenig Wasser kochen, pellen, in einer Schüssel fein zerstampfen.
2. Ei untermengen, Mehl esslöffelweise so lange unterkneten, bis der Teig kaum noch an den Händen klebt.
3. Kochtopf säubern.
4. Kleine Klöße aus dem Teig formen und auf einem Teller ablegen.
5. In dem Kochtopf Wasser zum Kochen bringen.
6. Die Klöße in das kochende Wasser geben, die Temperatur verringern und 5 Minuten garziehen lassen.
7. Mit einer Schaumkelle die Klöße aus dem Wasser heben, abtropfen lassen und auf einem Teller mit Zimt und Zucker bestreuen und servieren.

* Verändert nach: Fachhochschule Osnabrück, WABE-Zentrum (Hrsg): Kulinarische Grüße mit Kartoffeln aus Osnabrück! Osnabrück 2008.

Waffeln

Für 20 Portionen

Zutaten

10	Eier
300 g	Butter
150 g	Zucker
500 g	Joghurt
600 g	Weizenvollkornmehl
150 g	Haferflocken
	Öl

im Sommer:

500 g	Schlagsahne
500 g	Joghurt (3,5 % Fett)
100 g	Zucker
1 kg	frische Kirschen

im Winter:

3 kg	Äpfel
1	Zitrone
300 g	Zucker
1 l	Wasser

Arbeitsmaterialien

	Waffeleisen (mindestens 1, besser mehr)
	Handrührgerät oder Küchenmaschine mit Rührschüssel
	Küchenwaage
1	Backpinsel
1	große Schüssel
1	kleine Schüssel
1	Tasse
	Schneidebrett
	Schäl-/Gemüsemesser

im Winter zusätzlich:

1	Kochplatte
1	Kochtopf
1	Zitronenpresse
1	Sparschäler
1	Gabel
1	Litermaß (1 l)

Zubereitung

1. Eier trennen. Eigelb in die kleine Schüssel geben.
   Eiweiß mit dem Rührbesen der Küchenmaschine in der Rührschüssel steif schlagen.
2. Butter mit Zucker in einer anderen Schüssel schaumig rühren. Dann Eigelb zugeben.
3. Joghurt, Weizenvollkornmehl und Haferflocken dazugeben.
   Eischnee vorsichtig unterheben. Teig 10 Minuten ruhen lassen.
4. In der Zwischenzeit das Waffeleisen mit etwas Öl bestreichen.
   Die Waffeln nacheinander abbacken und eventuell im Backofen warm stellen.

Im Sommer:

5. Handrührgerät reinigen. Schlagsahne steif schlagen. Joghurt und Zucker unterrühren.
6. Kirschen waschen und entsteinen. Anschließend unter die Sahne rühren und zu den Waffeln servieren.

Im Winter:

7. Äpfel waschen, putzen, schälen und vierteln, dann achteln.
8. Zitrone auspressen und den Saft Schicht für Schicht über die Äpfel geben.
9. Äpfel in einen Topf geben und Zucker dazugeben. Wasser dazu gießen und zum Kochen bringen. Anschließend auf geringer Stufe10 Minuten weitergaren, gelegentlich umrühren und mit der Gabel zerdrücken. Das fertige Apfelmus in eine Schüssel füllen und zu den Waffeln servieren.

Projekt: **DieBesserEsser Norden**

Kaiserschmarrn

Für 2 Portionen

Zutaten

50 g	Sultaninen
100 g	Mehl (Type 1050)
200 ml	Milch
4 EL	Quark
1 EL	Zucker
2	Eier
1 Päckchen	Vanillezucker
30 g	Butter
10 g	Puderzucker
	Salz

Zubereitung *

1. Sultaninen in einem Schälchen in Wasser einweichen lassen.
2. Mehl, Milch, Quark, Zucker und Salz zu einem glatten Teig verrühren.
3. Eier trennen, das Eigelb unter den Teig ziehen und das Eiweiß in einer hohen Rührschüssel zur Seite stellen.
4. Den Teig ca. 20 Minuten quellen lassen.
5. In der Zwischenzeit das Eiweiß steif schlagen. Anschließend vorsichtig unter den Teig heben!
6. In einer beschichteten Pfanne etwas Butter zerlassen und den Teig in die Pfanne geben.
7. Nun die abgetropften Sultaninen drüber streuen.
8. Den Kaiserschmarrn bei mittlere Hitze ca. 4 bis 5 Minuten backen bis der Boden braun ist, dann einmal wenden.
9. Wenn auch die andere Seite braun ist, den Schmarrn mit einem Teigschaber in Stücke reißen (nicht schneiden!)
10. Mit Puderzucker bestreuen.

Besonders lecker schmecken dazu Kirschen-, Pflaumen-, Apfel- oder Aprikosenkompott!

Projekt: **DieBesserEsser Norden**

Lieblingscocktail des Projektes „Obst und Gemüse im Schulalltag“

Für 20 Portionen

Zutaten

2 l	Traubensaft
1 l	Orangensaft
1 l	Apfelsaft
1 l	Mangosaft
	Obst nach Geschmack

Arbeitsmaterialien

1	sauberer Eimer, großer Topf o. ä.
1	Litermaß (1 l)
	Schneidebrett
	Schäl-/Gemüsemesser
1	kleine Schöpfkelle
20	Gläser

Zubereitung

1. Säfte in einem Eimer oder einem großen Topf mischen und auf Gläser verteilen.
2. Obst sorgfältig waschen, putzen und schneiden.
3. Saft mit Obst dekorieren und servieren.

Projekt: **Obst und Gemüse im Schulalltag**

Milchmixgetränk

Für 20 Portionen

Zutaten

2 kg	Obst, gemischt (nach Saison)
3 l	Milch
2 EL	Honig

Arbeitsmaterialien

1	Pürierstab
1	Küchenwaage
1	evtl. Litermaß (1 l)
	Schäl-/Gemüsemesser
	Schneidebrett
1	hohe und ausreichend große Schüssel
1	Esslöffel
1	kleine Schöpfkelle
20	Gläser

Zubereitung

1. Obst waschen, putzen und klein schneiden. Das Obst in eine Schüssel geben.
2. Honig zu dem Obst geben und verrühren.
3. Milch zum Obst geben und mit dem Pürierstab pürieren. In Gläser füllen und sofort servieren.

Milchshake mit Himbeeren

Für 4 Portionen

Zutaten

2	Bananen
250 g	Himbeeren
1	Orange
600 ml	Milch

Arbeitsmaterialien

1	Pürierstab
	Schneidebrett
	Schäl-/Gemüsemesser
	Litermaß (2 l)
1	Zitronenpresse
4	Gläser
1	Sieb
1	große Schüssel

Zubereitung

1. Bananen schälen, in Scheiben schneiden und in ein 2-Liter-Litermaß geben.
2. Himbeeren putzen, waschen und abtropfen lassen. Werden Tiefkühl-Himbeeren verwendet, dann diese auftauen. Himbeeren zu den Bananen dazugeben und mit einem Pürierstab das Obst fein pürieren.
3. Orange durchschneiden und mit einer Zitronenpresse auspressen und den Saft zusammen mit der Milch zu dem Obstpüree geben. Alles noch einmal kurz durchmixen, in Gläser füllen und servieren.

Brombeer-Erfrischungsshake

Für 10 Portionen

Zutaten

250 g	reife Brombeeren
1 l	Mineralwasser
1 kg	Joghurt
	evtl. Zucker zum Nachsüßen

Arbeitsmaterialien

1	Pürierstab
1	große hohe Schüssel
1	großer Löffel oder Schöpfkelle
1	Sieb
10	Gläser

Zubereitung

1. Beeren waschen und abtropfen lassen.
2. Alle Zutaten in ein hohes Gefäß geben und mit einem Mixer oder Pürierstab aufschlagen. Evtl. mit etwas Zucker nachsüßen. Anschließend in Gläser füllen und genießen.

Projekt: **Heimische Wildpflanzen im Alltag**

Pflaumen-Joghurt-Drink

Für 4 Portionen

Zutaten

16	Pflaumen
250 g	Joghurt
600 ml	Milch
	Zucker
	Zimt

Arbeitsmaterialien

1	Pürierstab oder Mixer
	Schneidebrett
	Schäl-/Gemüsemesser
1	Litermaß (1,5 l)
4	Gläser

Zubereitung

1. Pflaumen waschen, aufschneiden und den Kern entfernen.
2. Anschließend die Pflaumen in ein Litermaß geben und pürieren.
   Nun Joghurt und Milch dazugeben und noch mal alle Zutaten zusammen pürieren.
   Mit Zucker und Zimt abschmecken. In Gläser füllen und genießen.

Apfel-Buttermilch

Für 4 Portionen

Zutaten

600 ml	Buttermilch
1 TL	Vanillezucker
8 EL	Apfelmus
	Honig/Zucker

Arbeitsmaterialien

1	Litermaß (1 l)
1	Teelöffel
1	Esslöffel
1	Rührlöffel
4	Gläser

Zubereitung

1. Buttermilch mit Vanillezucker und Apfelmus in ein Litermaß geben und mit einem Rührlöffel gut vermischen. Mit Honig/Zucker abschmecken. Gekühlt servieren.

Caribbean sunny

Für 5 Portionen

Zutaten

300 g	Banane
400 ml	Ananassaft
100 ml	Milch
100 ml	Kokosmilch
100 ml	Limettensaft
	evtl. Limette, Ananas zum Dekorieren

Arbeitsmaterialien

1	Pürierstab oder Mixer
1	Schneidebrett
1	Schäl-/Gemüsemesser
1	großer Löffel oder Schöpfkelle
1	Litermaß (1,5 l)
5	Gläser

Zubereitung

1. Bananen schälen, kleinschneiden und mit den anderen Zutaten in dem Litermaß mit dem Pürierstab mixen.
2. Den fertigen Saft in Gläser gießen, evtl. mit Ananas- oder Limettenscheiben dekorieren.

* Verändert nach: Soretz F.: Das schmeckt! Das Kochbuch zum Projekt „iss dich fit!". Hannover 2011, S. 143

Fruchtmolke

Für 4 Portionen

Zutaten

400 ml	Apfelsaft
300 ml	Traubensaft
400 ml	Molke
	Honig

Arbeitsmaterialien

1	Litermaß (1,5 l)
1	Rührlöffel
4	Teelöffel
4	Gläser

Zubereitung

1. Apfelsaft, Traubensaft und Molke in einem Litermaß mit dem Rührlöffel vermischen.
2. Mit Honig abschmecken, in Gläser füllen und sofort servieren.

Heidelbeer-Soja-Shake

Für 4 Portionen

Zutaten

250 g	Heidelbeeren
4	Pflaumen
4 TL	Honig
600 ml	Sojamilch
	Zitronensaft
4	Gläser

Arbeitsmaterialien

1	Pürierstab oder Mixer
1	Teelöffel
1	Litermaß (1,5 l)
	Schneidebrett
1	Sieb
1	großer Löffel oder Schöpfkelle
	Schäl-/Gemüsemesser
4	Gläser

Zubereitung

1. Heidelbeeren waschen. Pflaumen waschen, vorsichtig aufschneiden, den Kern entfernen und das Fruchtfleisch klein schneiden. Beeren und Pflaumen in ein Litermaß geben.
2. Honig und Sojamilch hinzufügen und mit einem Pürierstab alles gut durchmischen.
3. Mit Zitronensaft abschmecken, in Gläser füllen und genießen.

Fresh-Lemon-Soda

Für 10 Portionen

Zutaten

5	Limetten
2,5 l	Mineralwasser
	Wasserminze-Blätter zum Dekorieren
	evtl. Zucker

Arbeitsmaterialien

	Schneidebrett
	Schäl-/Gemüsemesser
1	Sieb
2	große Krüge (á 1 l)
1	Zitronenpresse
2	große Löffel oder Schöpfkellen
2	Teelöffel
10	Gläser

Zubereitung

1. Die Blätter der Wasserminze gut abwaschen und abtropfen lassen.
   Die Limetten waschen, halbieren und auspressen. Den Limettensaft zur Hälfte in je einen Krug geben.
   Mit Mineralwasser auffüllen und kurz umrühren.
2. Abschmecken und evtl. etwas Zucker mit einem Teelöffel hinzufügen.
   Saft in Gläser füllen und zum Dekorieren pro Glas ein bis zwei Blätter Minze hinein geben.

Limetten-Minz-Tee mit Ingwer

Für 4 Portionen

Zutaten

1 l	Wasser
4 EL	Honig oder Rohrzucker
50 g	frischer Ingwer
2	Limetten
½ Bund	Minze

Arbeitsmaterialien

1	Kochplatte
1	Kochtopf
1	Kochlöffel
1	Litermaß (1,5 l)
1	Esslöffel oder kleiner Schaumlöffel
1	Schöpfkelle
	Schneidebrett
	Schäl-/Gemüsemesser
1	Sieb
4	Gläser

Zubereitung*

1. Den Ingwer schälen und in dünne Scheiben schneiden.
2. Limetten waschen und in kleine Würfel schneiden.
3. Minze waschen und die Blätter von den Stängeln zupfen, abtropfen lassen.
4. Wasser zum Kochen bringen und den Honig sowie die Ingwerscheiben dazugeben. Nach 3 bis 4 Minuten die Ingwerscheiben herausnehmen.
5. Die Limettenstücke und die Minze zum Tee geben, verrühren und weitere 10 Minuten ziehen lassen – abseihen.

Dieser Tee schmeckt heiß und kalt sehr gut.

* Verändert nach: Soretz F: Das schmeckt! Das Kochbuch zum Projekt „Iss Dich fit!" Madsack, Hannover (2011), S. 177

Kinderbowle

Für 8 Portionen

Zutaten

500 g	frisches Obst der Saison
1	unbehandelte Zitrone
500 ml	Apfelsaft oder heller Traubensaft
750 ml	Mineralwasser

Arbeitsmaterialien

1	Küchenwaage
1	Zitronenpresse
1	Sieb
1	großer Krug
	Schneidebrett
	Schäl-/Gemüsemesser
1	Litermaß (1 l)
8	Gläser
8	Löffel

Zubereitung *

1. Das Obst waschen, ggf. entkernen, putzen und in kleine, mundgerechte Stücke schneiden.
2. Zitrone leicht drücken und anschließend auspressen.
3. Die Obststücke in einen Krug oder ein Bowlegefäß geben und mit dem Zitronensaft beträufeln.
4. Den Apfelsaft und das Mineralwasser abmessen und zu den restlichen Zutaten geben.

In Gläsern mit einem Löffel servieren.

* Verändert nach: Soretz F: Das schmeckt! Das Kochbuch zum Projekt „Iss Dich fit!" Madsack, Hannover (2011), S. 180

Die Bowle kann das ganze Jahr über getrunken werden. Wird frisches Obst der Saison verwendet, schmeckt sie immer anders und wird nicht langweilig.